江苏省"十四五"时期重点出版物出版专项规划项目

南水北调后续工程高质量发展·大型泵站标准化管理 系列丛书

管理表单

GUANLI BIAODAN

南水北调东线江苏水源有限责任公司 ◎编著

河海大学出版社

HOHAI UNIVERSITY PRESS

·南京·

图书在版编目(CIP)数据

管理表单 / 南水北调东线江苏水源有限责任公司编
著. -- 南京：河海大学出版社，2022.2(2024.1重印)
(南水北调后续工程高质量发展·大型泵站标准化管
理系列丛书)
ISBN 978-7-5630-7379-5

Ⅰ. ①管… Ⅱ. ①南… Ⅲ. ①南水北调－泵站－表格
－标准化管理 Ⅳ. ①TV675－65

中国版本图书馆 CIP 数据核字(2021)第 270838 号

书　　名	管理表单	
书　　号	ISBN 978-7-5630-7379-5	
责任编辑	彭志诚　曾雪梅	
特约校对	薛艳萍　李　萍	
装帧设计	徐娟娟	
出版发行	河海大学出版社	
地　　址	南京市西康路 1 号(邮编：210098)	
网　　址	http://www.hhup.cm	
电　　话	(025)83737852(总编室)	
	(025)83722833(营销部)	
经　　销	江苏省新华发行集团有限公司	
排　　版	南京布克文化发展有限公司	
印　　刷	广东虎彩云印刷有限公司	
开　　本	787 毫米×1092 毫米　1/16	
印　　张	19.25	
字　　数	488 千字	
版　　次	2022 年 2 月第 1 版	
印　　次	2024 年 1 月第 2 次印刷	
定　　价	120.00 元	

丛书编委会

管理表单

本册主编　王亦斌　莫兆祥

副 主 编　白传贞　孙　涛　孙　飞

编写人员　周晨露　王　义　杜　威　马晔锦　王玉娇

　　　　　　张卫东　顾　问　彭　坤　项明洋　闻　昕

　　　　　　黄富佳　游旭晨　花培舒　顾　会　王晓森

　　　　　　李忠莉　刘锦雯　吴志峰

序

　　我国人多水少,水资源时空分布不均,水资源短缺的形势十分严峻。20世纪50年代,毛泽东主席提出了"南水北调"的宏伟构想,经过了几十年的勘测、规划和研究,最终确定在长江下、中、上游建设南水北调东、中、西三条调水线路,连接长江、淮河、黄河、海河,构成我国水资源"四横三纵、南北调配、东西互济"的总体格局。2013年11月15日南水北调东线一期工程正式通水,2014年12月12日南水北调中线一期工程正式通水,东中线一期工程建设目标全面实现。50年规划研究,10年建设,几代人的梦想终成现实。如今,东中线一期工程全面通水7年,直接受益人口超1.4亿。

　　近年来,我国经济社会高速发展,京津冀协同发展、雄安新区规划建设、长江经济带发展等多个区域重大战略相继实施,对加强和优化水资源供给提出了新的要求。习近平总书记分别于2020年11月和2021年5月两次调研南水北调工程,半年内从东线源头到中线渠首,亲自推动后续工程高质量发展。"南水北调东线工程要成为优化水资源配置、保障群众饮水安全、复苏河湖生态环境、畅通南北经济循环的生命线。""南水北调工程事关战略全局、事关长远发展、事关人民福祉。"这是总书记对南水北调工程的高度肯定和殷切期望。充分发挥工程效益,是全体南水北调从业者义不容辞的使命。

　　作为南水北调东线江苏段工程项目法人,江苏水源公司自2005年成立以来,工程建设期统筹进度与管理,突出管理和技术创新,截至目前已有8个工程先后荣获"中国水利优质工程大禹奖",南水北调江苏境内工程荣获"国家水土保持生态文明工程",时任水利部主要领导给予"进度最快、质量最好、投资最省"的高度评价;工程建成通水以来,连续8年圆满完成各项调水任务,水量、水质持续稳定达标，并在省防指的统一调度下多次投入省内排涝、抗旱等运行，为受涝旱影响地区的生产恢复、经济可持续发展及民生福祉保障提供了可靠基础，受到地方政府和人民群众的高度肯定。

多年的南水北调工程建设与运行管理实践中，江苏水源公司积累了大量宝贵的经验，形成了具有自身特色的大型泵站工程运行管理模式与方法。为进一步提升南水北调东线江苏段工程管理水平，构建更加科学、规范、先进、高效的现代化工程管理体系，江苏水源公司从 2017 年起，在全面总结、精炼现有管理经验的基础上，历经 4 年精心打磨，逐步构建了江苏南水北调工程"十大标准化体系"，并最终形成这套丛书。十大标准化体系的创建与实施，显著提升了江苏南水北调工程管理水平，得到了业内广泛认可，已在诸多国内重点水利工程中推广并发挥作用。

加强管理是工程效益充分发挥的基础。江苏水源公司的该套丛书作为"水源标准、水源模式、水源品牌"的代表之作，是南水北调东线江苏段工程标准化管理的指导纲领，也是不断锤炼江苏南水北调工程管理队伍的实践指南。管理的提升始终在路上，真诚地希望该丛书出版后能得到业内专业人士的指点完善，不断提升管理水平，共同成就南水北调功在当代、利在千秋的世纪伟业。

中国工程院院士：唐洪武

2022年2月

目录

1 范围

本部分内容规定了南水北调东线江苏水源有限责任公司辖管泵站工程现场管理单位的管理表单。

本部分内容适用于南水北调东线江苏水源有限责任公司辖管泵站工程,类似工程可参照执行。

2 规范性引用文件

下列文件对于本标准的应用是必不可少的。凡是注日期的引用文件,仅注日期的版本适用于本标准。凡是未注日期或版本号的引用文件,其最新版本适用于本标准。

GB/T 30948 泵站技术管理规程

DB 32/T 1360 泵站运行规程

SL 75 水闸技术管理规程

NSBD 16—2012 南水北调泵站工程管理规程(试行)

南水北调江苏水源公司工程维修养护项目管理办法(2020 年修订)

3 综合管理表单

本书中表格适用于南水北调东线江苏水源有限责任公司管辖内的工程综合管理,具体涵盖考勤管理、工程大事记、职工教育台账、防汛物资管理台账、备品备件管理台账、外来人员管理台账、巡逻检查管理台账、会议记录、档案管理台账。

表单中需要存档的,表单记录在收到资料室保管前,记录保管员应检查其是否完整,将完整无缺的记录收回资料室保管,对出现的缺项漏页等记录问题,报相关负责人进行处理。

3.1 考勤管理

3.1.1 基本要求

(1)南水北调江苏境内工程考勤形式共有:出勤、出差、加班、值班、休假、事假、病假、婚(丧、产)假、旷工、迟到、早退 11 种形式。

(2)根据江苏境内工程运行特点,南水北调江苏境内考勤分非运行期与运行期考勤,非运行期与运行期出勤形式有所区别。

(3)非运行期遵照国家双休日、年休假及法定节假日制度,工作日上下班各考勤一次,根据考勤的形式在相应的日期处填写。

(4)运行期人员考勤根据各工程排定的人员运行值班表,分三班考勤(A 班:8:00—16:00;B 班:16:00—24:00;C 班:0:00—8:00),出勤形式主要为 A 班、B 班、C 班,在相应的日期处填写班次的英文字母。

3.1.2 考勤项目

(1)出勤:员工在规定工作时间、规定地点按时参加工作,非运行期以"√"标注,运行期以"A""B""C"标注。

（2）出差：员工临时被派遣到常驻工作地以外的地区办理公事，以"△"标注。

（3）加班：员工在规定的工作时间外，延长工作时间，以"◆"标注。

（4）值班：员工在正常工作日之外，担负一定非生产性责任，以"◎"标注。

（5）节假日值班：员工在法定节假日担负一定非生产性责任，以"▲"标注。

（6）休假：员工按照规定，个人提出申请，经过批准后，停止一段时间的工作，以"●"标注。

（7）事假：员工因私事或其他个人原因申请离开工作岗位，以"○"标注。

（8）病假：员工因患病或非因工负伤，需要停止工作，申请离开工作岗位，以"☆"标注。

（9）婚（丧、产）假：员工因结婚、直系亲属死亡、分娩原因，申请离开工作岗位，以"⊙"标注。

（10）旷工：员工在正常工作日不请假或请假未批准的缺勤，以"×"标注。

（11）迟到：员工在规定的上班时间没有到达指定的工作地点，以"※"标注。

（12）早退：员工未到规定下班时间而提早退离工作岗位，以"◇"标注。

3.1.3　填表说明

本考勤表（表1）由本人按照实际考勤情况填写并签字，报部门负责人审核后，单位负责人签字确认，综合部留存。

3.2　工程大事记

3.2.1　基本要求

（1）大事记记录内容为南水北调江苏境内工程重大事件及重大活动（如表2所示）。

（2）工程大事以时间为线索，按时间顺序记录，排序归档。

（3）事件的描述要简明扼要，表达准确。

3.2.2　记录项目

（1）南水北调江苏境内工程的调度运行情况。

（2）开展境内工程的技能比武、知识竞赛等相关活动。

（3）专项工程项目的申报、批复、开工、关键阶段验收、审计、完工验收、试运行等。

（4）工程项目的招标、开标、评标、中标发布、合同签订等活动。

（5）组织开展的安全生产检查、定期检查、经常性检查、特别检查等相关情况。

（6）上级部门发布的关于工程生产、管理的重要指示、规定、通知、公告等。

（7）境内工程开展的防汛抢险、人员训练、职工培训等相关活动。

（8）境内工程开展的工程观测、水文水质监测、资料整编等相关活动。

（9）境内工程管理范围内的水政巡查、水政执法等相关活动。

（10）境内工程生产管理、技术改造方面新技术、新材料、新工艺的应用情况。

（11）境内工程发生的重大安全生产事故。

（12）其他需要记载的重大事件及活动。

3.2.3　填表说明

（1）大事名称主要为事件主题，要简练，突出重点。

（2）事件记事的描述包括时间、地点、人物、活动等要素。

（3）照片要清晰，可以真实反映事件内容，粘贴位置居中。

表1 20××年×月份××××××考勤表

姓名	时间																														出勤天数	出差天数	加班天数	节假日值班天数	夜班（值班、测流）天数	休假天数	事假天数	病假天数	婚（丧、产）假天数	旷工天数	迟到天数	早退天数
	1	2	3	4	5	6	7	8	9	10	11	12	13	14	15	16	17	18	19	20	21	22	23	24	25	26	27	28	29	30												
星期	二	三	四	五	六	日	一	二	三	四	五	六	日	一	二	三	四	五	六	日	一	二	三	四	五	六	日	一	二	三												

出勤情况

注：√出勤 △出差 ◆加班 ▲节假日值班 ◎夜班、值班、测流 ●休假 ○事假 ☆病假 ⊙婚（丧、产）假 ×旷工 ※迟到 ◇早退

表 2　工程大事记录表

大事名称	
时　间	年　　月　　日
记　事	
照　片	

3.3 职工教育台账

3.3.1 基本要求

（1）职工教育培训主要包括：业务技能培训、政治理论教育、实践操作培训。

（2）培训内容要描述培训主题、具体课程、操作项目等。

（3）培训总结要言简意赅，突出培训主题及培训产生的效果。

（4）培训照片要能够真实反映培训过程中的人物、事件，照片居中粘贴。

（5）培训中的考试内容以附件形式逐条添加，并做好存档。

3.3.2 记录项目

（1）教育类：思想政治教育、普法教育、职工职业道德教育。

（2）培训类：安全培训、预备制培训、适应性岗位培训、职业技能培训、转岗培训。

（3）实践类：电工操作、钳工操作、行车操作、电焊等实践操作。

（4）其他需要记载的培训及教育相关活动。

3.3.3 填表说明

（1）培训组织填写到具体的科室，培训对象具体到科室、班组。

（2）培训内容主要包括主题＋事件，要简练，突出重点。

（3）照片要清晰，可以真实反映事件内容，粘贴位置居中（如表4所示）。

（4）效果评估一栏，评估人为副所长或项目副经理。

表 3　职工教育培训记录

单位(部门)：　　　　　　　　　　　　　编号：

培训主题			主讲人	
培训地点		培训时间	培训课时	
参加人员	详见签到表(表 6,若参与人员较少,可直接填写,但必须手填)			
培训内容	 记录人：			
培训评估方式	□考试　□实际操作　□事后检查　□课堂评价			
培训效果评估	 评估人：　　　　　　　　　　　　年　　月　　日			
持续改进				

填写人：　　　　　　　　　　　　　　　　　　　　　　　　日期：

表 4 职工教育培训图片摘录

照片摘录

表 5　相关方进入施工现场培训记录表

项目			时间	
相关方单位				
作业人员代表		教育人		
安全教育内容				

表 6　职工教育培训签到表

名　称：

时　间：

地　点：

序　号	姓　名	单　位	职　务	联系电话
1				
2				
3				
4				
5				
6				
7				
8				
9				
10				
11				
12				
13				
14				

3.4 防汛物资管理台账

3.4.1 基本要求

（1）防汛物资主要包括袋类、土工布、砂石料、铅丝、木桩、钢管、救生衣、发电机组、便携式工作灯、投光灯、电缆等。

（2）防汛物资管理台账（表9）需要注明统计时间，统计人需要签字，仓库责任人审核。

（3）防汛物资入库管理台账（表7）的品名要与表9中品名一致，以实时统计的数量为依据，领用防汛物资。

3.4.2 记录项目

（1）袋类，单位：条；

（2）土工布，单位：m^2；

（3）砂石料，单位：m^3；

（4）铅丝，单位：kg；

（5）木桩，单位：m^3；

（6）钢管，单位：kg；

（7）救生衣，单位：件；

（8）发电机组，单位：kW；

（9）便携式工作灯，单位：只；

（10）投光灯，单位：只；

（11）电缆，单位：m；

（12）其他防汛物资。

3.4.3 填表说明

（1）物品名称包括品牌和名称，依据购物清单及产品包装中内容，填写相应型号。

（2）用途需言简意赅，能说明情况。

（3）储存位置具体到防汛物资储备仓库的货架号。

（4）防汛物资管理台账（表9）每月盘点、检查一次，过期、损坏的物品由管理员按照制度及时申请采购，防汛物资出库管理台账（表8）要及时进行统计更新。

表7 防汛物资入库管理台账

年　　月　　日

序号	物品名称	规格/型号	单位	数量	备注

经办人：　　　　　　　　　　　　仓库管理员：

表8 防汛物资出库管理台账

序号	物品名称	单位	数量	用途	借用人	借用时间	归还时间	同意借用人

表9 防汛物资管理台账

序号	物品名称	规格/型号	单位	库存数量	用途	储备年限	备注

防汛仓库管理员：

3.5 备品备件管理台账

3.5.1 基本要求

（1）备品备件需根据现场维修养护工作情况，科学采购，在设备出现故障时及时取用，修复设备。

（2）备品备件盘点管理台账（表 12、表 13）需要注明统计时间，统计人需要签字。

（3）备品备件入库、出库管理台账（表 10、表 11）的品名要与表 12 和表 13 中品名一致，以实时统计的数量为依据，领用备品备件。

3.5.2 填表说明

（1）名称包括品牌和名称，依据购物清单及产品包装中内容，填写相应型号。

（2）领用缘由在备注栏中填写，需言简意赅，说明情况。

（3）备品备件盘点管理台账分为季度盘点（表 12）、年度盘点（表 13）。

表 10 备品备件入库管理台账

序号	名　　称	规格/型号	单位	数量	入库时间	入库人	备注

表 11 备品备件出库管理台账

序号	名　　称	规格/型号	单位	数量	出库时间	出库人	备注

表 12　备品备件季度盘点管理台账

序号	名称	规格/型号	单位	上季库存数量	当季复核盘点数量	当季耗用数量	误差	入库时间	备注

初盘人：　　　　　　　复盘人：　　　　　　　监盘人：　　　　　　　日期：

表 13　备品备件年度盘点管理台账

序号	名称	规格/型号	单位	上年库存数量	当年复核盘点数量	当年耗用数量	误差	入库时间	备注

初盘人：　　　　复盘人：　　　　监盘人：　　　　日期：

3.6　外来人员管理台账

3.6.1　基本要求

外来人员管理台账是针对外来人员、车辆进行出入登记(表 14)。

3.6.2　记录项目

(1) 姓名针对外来单位人员、车辆进入进行登记。

(2) 日期、进出时间要详细。

(3) 有效证件号码/车牌号、联系电话。

(4) 来往事由描述此次主要行程的主要问题或者要求。

3.6.3　填表说明

(1) 多人来访,请以一人为代表。

(2) 填写的情况、内容须真实、准确、客观。

表 14　外来人员、车辆出入登记表

序号	姓名	日期	进出时间	有效证件号码/车牌号	联系电话	来往事由	值班员签字

3.7 巡逻检查管理台账

3.7.1 基本要求

巡逻检查管理台账(表15)是针对辖管工程建筑物、人员、周围环境进行巡逻检查。

3.7.2 填表说明

(1)周期:每日1次。

(2)巡查人:当天工程值班人员。

(3)在内容里记录巡查中发现异常现象的具体情况、要及时汇报的情况及检查处理的结果。

表 15　巡逻检查管理台账

日　　期			巡逻人员	
内容：				
备注：				

3.8 会议记录

3.8.1 基本要求

（1）会议记录（表16）应包含会议的主题、时间、地点、参会人员等情况。

（2）会议记录要具备纪实性、概括性、条理性。

3.8.2 填表说明

（1）会议内容言简意赅，提出会议的主题，描述会议开展情况。

（2）照片应清晰，可以真实反映事件内容，粘贴位置居中。

表 16　会议记录

会议名称			
会议时间		会议地点	
主要议题			
组织单位		记录人	
主要参会人员			
会议 主要 内容			
会议照片			

3.9　档案管理台账

3.9.1　基本要求

（1）卷内目录（表17）是登记卷内文件题名和其他特征并固定文件排列次序的表格，排列在卷内文件之前。

（2）卷内备考表（表18）是卷内文件状况的记录单。

（3）案卷目录（表19）是登记案卷题名、档号、保管期限及其他特征，并按案卷号次序排列的档案目录。

3.9.2　记录项目

（1）卷内目录

① 序号：应依次标注卷内文件排序。

② 文件编号：应填写文件文号、型号、图号或代字、代号等。

③ 责任者：应填写文件形成者或第一责任者。

④ 文件题名：应填写文件全称呼。文件没有题名的，应由立卷人根据文件内容拟写题名。

⑤ 日期：应填写文件形成的时间——年、月、日。

⑥ 页数：应填写每件文件总页数。

⑦ 备注：可根据实际填写需注明的情况。

⑧ 档号：由全宗号、分类号（或项目代号或目录号）、案卷号组成。

a. 分类号：应根据本单位分类方案设定的类别号确定。

b. 项目代号：由所反映的产品、课题、项目、设备仪器等的型号、代字或代号确定。

c. 目录号：应填写目录编号。

d. 案卷号：应填写科技档案按一定顺序排列后的流水号。

（2）卷内备考表

卷内备考表，应排列在卷内全部文件后，或直接印制在卷盒内底面。

① 立卷人：应由立卷责任者签名。

② 立卷日期：应填写完成立卷的时间。

③ 检查人：应由案卷质量审核者签名。

④ 检查日期：应填写案卷质量审核的时间。

⑤ 互见号：应填写反映同一内容不同载体档案的档号，并注明其载体类型。

（3）案卷目录

① 序号：应填写登记案卷的流水顺序号。

② 总页数：应填写案卷内全部文件的页数之和。

③ 备注：可根据管理需要填写案卷的密级、互见号或存放位置等信息。

3.9.3　填表说明

表格字迹应清晰端正。

表 17　卷内目录

档号

序号	文件编号	责任者	文　件　题　名	日期	页数	备注

表 18　卷内备考表

档号：

互见号：

说明：

立卷人：

年　　月　　日

检查人：

年　　月　　日

表19　案卷目录

序号	档号	案卷题名	总页数	保管期限	备注

表 20　档案资料借阅登记表

序号	档案编号	案卷题名	借阅日期	借阅人	归还日期	归还人	备注

4 定期检查表单

4.1 基本要求

（1）本表（表21）主要用于记录泵站各单元工程定期检查的汇总情况。

（2）工程管理定期检查原则上由现场管理单位技术部门组织，单位技术负责人牵头负责，工程技术和运行管理人员参加。

（3）定期检查每年两次，分别为汛前定期检查与汛后定期检查。定期检查时间节点应分别为 4 月 30 日、10 月 31 日。

（4）各单位应严格按照有关技术规范要求，开展全面细致的各项检查调试，按实做好检查记录，发现问题及时处理。

4.2 定期检查汇总表检查项目

本表中"检查结果"项目主要用于记录各单元工程检查情况，填写要详细，如符合检查标准，则填写"正常"；如存在问题，则需明确填写问题发生部位、主要现象以及危害程度等详细信息。

4.3 填表说明

（1）各现场管理单位可根据泵站实际情况选择相应表单和对定期检查表单检查项目进行增减。

（2）本表用来记录泵站定期检查汇总结果，每年汛前、汛后各记录一次，并形成定期检查台账。

（3）单位负责人、技术负责人应在表单底部签名，签名应手签，不得简称及代签，字迹应工整。

（4）检查人员应将检查汇总表收集集中管理，并按照档案管理规定妥善保存。

4.4 定期检查汇总表

表 21 定期检查汇总表

单元工程	检查结果
建筑物	
土石方工程	
混凝土工程	
堤防工程	
工程监测设施	
水文设施	
GIS(SF_6 断路器)	
主变压器	
站(所)用干式变压器	
高压变频器	
高压开关柜	
低压开关柜	
主变保护屏	
电缆	
补偿装置	
安全用具	
励磁装置	
主电机	
主水泵	
真空破坏阀	
稀油润滑装置	
叶片调节装置	

表 21 定期检查汇总表(续)

单元工程	检查结果
供(排)水泵	
管道闸阀	
冷水机组	
闸门	
液压式启闭机	
卷扬式启闭机	
行车	
压力罐	
消防设施	
直流系统	
计算机监控系统	
视频监视系统	
柴油发电机	
清污机	
皮带输送机	
电动葫芦	
拦河设施	
门式起重机	
水轮发电机组	

单位负责人: 技术负责人:

4.5 建筑物定期检查表

表 22 建筑物定期检查表

天气		温度(℃)		湿度(%)	
分部名称	检查标准			检查结果	
建筑物主体	建筑物、构筑物经常进行维护,无变形、开裂、露筋、下沉、倾斜和超负荷情况				
墙体	无变形、开裂、露筋、下沉和超负荷情况,装饰层无剥落、皲裂,表面整洁,无污物				
门窗	无缺失、损坏、渗漏,表面整洁,锁具、窗帘完好				
防火涂料	钢结构防火涂料完好,无锈蚀				
避雷设施	无断裂、锈蚀,焊接点保持良好,接地良好,定期检测接地电阻不应大于 10 Ω				
屋面防水	屋面防水层无损坏、开裂、渗漏,落水管道无破损、堵塞				
防护设施	高层厂房、建筑物爬梯、围栏、平台牢固可靠并符合安全要求;防护设施无明显缺陷、腐蚀				
安全通道	安全出口布置合理,通畅无杂物,安全疏散标志指示明确				
通风	房内通风良好,通风设备完好,符合职业卫生防护和防火防爆要求				
室内地面	地面干净整洁,无杂物、破裂、水渍				
照明设备	日常及应急照明齐全、完好,无缺损				
指示标识	指示明确,无遗漏、损坏				
消防设施	设施齐全,配备充足,摆放合理,定期检查、检测结果良好				
电缆沟	电缆沟等电缆敷设途径内无积水,无杂物、易燃物				
其他	设施完好,无损坏				
结论、整改建议					

技术负责人: 检查人员: 检查日期:

4.6 土石方工程定期检查表

表23 土石方工程定期检查表

天气		温度(℃)		湿度(%)	
分部名称	检查标准				检查结果
一	土方工程				
岸墙后填土	完好,无松动、跌落塌陷				
翼墙后填土	完好,无松动、跌落塌陷,无开挖、超填				
上游河坡	坡度平整,无塌陷、渗漏、裂缝、滑坡、白蚁、害兽等				
下游河坡	坡度平整,无塌陷、渗漏、裂缝、滑坡、白蚁、害兽等				
污迹	无杂物堆积、无污迹				
河床	无大幅度冲刷和淤积				
排水设施	无损坏、堵塞、失效				
导渗及减压设施	无损坏、堵塞、失效				
堤闸连接段	无渗漏				
二	石方工程				
翼墙	无裂缝、渗漏、倾斜、滑动、勾缝脱落、冒水、冒沙				
挡土墙	无裂缝、渗漏、倾斜、滑动、勾缝脱落、冒水、冒沙				
干砌护坡	表面平整,无隆起、塌陷、松动、底部淘空、垫层散失				
浆砌护坡	表面平整,无隆起、塌陷、松动、底部淘空、垫层散失				
干砌护底	表面平整,无隆起、塌陷、松动、底部淘空、垫层散失				
浆砌护底	表面平整,无隆起、塌陷、松动、底部淘空、垫层散失				
排水设施	无损坏、堵塞、失效				
结论、整改建议					

技术负责人：　　　　　　　　检查人员：　　　　　　　　检查日期：

4.7 混凝土工程定期检查表

表 24 混凝土工程定期检查表

天气		温度(℃)		湿度(%)	
分部名称	检查标准				检查结果
公路桥面	表面平整,无破损、不均匀沉陷				
公路桥大梁	无裂缝、腐蚀、破损、剥蚀、露筋(网)及钢筋锈蚀等				
工作桥面	表面平整、无破损				
工作桥大梁	无裂缝、腐蚀、破损、剥蚀、露筋(网)及钢筋锈蚀等				
便桥大梁	无裂缝、腐蚀、破损、剥蚀、露筋(网)及钢筋锈蚀等				
胸墙	无裂缝、腐蚀、破损、剥蚀、露筋(网)及钢筋锈蚀等				
闸墩	无裂缝、腐蚀、破损、剥蚀、露筋(网)及钢筋锈蚀等				
岸墙	无裂缝、腐蚀、破损、剥蚀、露筋(网)及钢筋锈蚀等				
翼墙	无裂缝、腐蚀、破损、剥蚀、露筋(网)及钢筋锈蚀等				
挡土墙	无裂缝、腐蚀、破损、剥蚀、露筋(网)及钢筋锈蚀等				
闸门支座	牢固,未变形				
伸缩缝	填料完好,无损坏、漏水及填充物流失等				
结论、整改建议					

技术负责人:　　　　　　检查人员:　　　　　　检查日期:

4.8 堤防工程定期检查表

表 25 堤防工程定期检查表

天气		温度（℃）		湿度（％）	
分部名称		检查标准			检查结果
堤顶		坚实平整			
		堤肩线顺直			
		无凹陷、裂缝、残缺			
		硬化堤顶未与垫层脱离			
堤坡与戗台		平顺			
		无雨淋沟、滑坡、浪窝、裂缝、塌坑			
		无害堤动物洞穴			
		无杂物、垃圾、杂草			
		无渗水			
		排水沟完好顺畅			
护坡	混凝土护坡	无剥蚀、冻害、裂缝、破损			
		排水孔通畅			
	砌石护坡	无松动、塌陷、脱落、风化、架空			
		排水孔通畅			
	草皮护坡	无缺损、干枯坏死			
		无荆棘、杂草、灌木			
堤脚		无隆起、下沉			
		无冲刷、残缺、洞穴			
		基础未淘空			

表 25　堤防工程定期检查表(续)

分部名称	检查标准	检查结果
堤岸防护工程	砌体无松动、塌陷、脱落、架空、垫层淘刷现象	
	无垃圾杂物、杂草杂树	
	变形缝和止水正常	
	坡面无剥蚀、裂缝、破碎	
	排水孔通畅	
	护脚表面无凹陷、坍塌	
	护脚平台及坡面平顺	
	护脚无冲动、淘空、冒水、渗漏	
其他	交通道路的路面平整坚实	
	上堤道路连接平顺	
	安全标志、交通卡口等管护设施完好	
	里程碑、界桩、警示牌、标志牌、护路杆等完好	
	无放牧、种植、取土、开挖施工与爆破等违法违章涉水项目	
	无危害工程安全的行为	
结论、整改建议		

技术负责人：　　　　　　　检查人员：　　　　　　　检查日期：

4.9 工程监测设施定期检查表

表 26 工程监测设施定期检查表

天气		温度(℃)		湿度(%)	
单位工程	检查部位	检查标准			检查结果
安全监测系统	一	内外观测设施			
	观测设施	变形测点、断面桩等监测设施无破坏,表面整洁、标识清晰、防护完好			
	监测电缆	内观仪器的电缆无破坏			
	观测站房	观测站房无破坏			
	观测仪器	观测仪器无损坏,按要求定期校验,工作正常			
	二	自动化监测设施			
	监测设施	监测自动化设备、传输线缆、通信设施、防雷和保护设施、供电系统正常工作			
结论、整改建议					

技术负责人： 检查人员： 检查日期：

4.10 水文设施定期检查表

表 27 水文设施定期检查表

天气		温度(℃)		湿度(%)	
单位工程	检查部位	检查标准			检查结果
安全监测系统	一	观测设施			
	基本水尺	牢固、清洁、无锈蚀、无损坏现象			
	水位、雨量计	记录准确、运行可靠、无堵塞、误差小于规定			
	外观	整洁、完好			
	二	流量测验设施			
	水文绞车	外观整洁、连接可靠、运行无异常、变速箱油位正常			
	主索、循环索	表面油层均匀、保护良好、无断丝、断股			
	缆道支架	无风化、无变形			
	拉线地锚	稳固、可靠、防腐良好			
	控制系统	操作灵活、保护可靠			
	避雷设施	无断裂、锈蚀,焊接点保持良好,接地完好,定期检测接地电阻不应大于 10 Ω			
	流速仪	定期养护、性能可靠			
	信号系统	信号收发可靠、准确			
	三	遥测设备			
	传感器、RTU	运行可靠、显示正确、工作正常			
	电源	线路可靠、电瓶定期保养、工作正常			
	发射天线	连接可靠、防腐良好、无异常现象			
	四	水位传感器			
	传感器	显示准确、运行正常			
	传输电缆	连接可靠、传输正常			
	五	比测记录			
	比测记录	记录完整、字迹工整、清洁			
结论、整改建议					

技术负责人:　　　　　　检查人员:　　　　　　检查日期:

4.11 GIS(SF₆断路器）定期检查表

表 28　GIS(SF₆断路器）定期检查表

名称				规格型号		
天气		温度(℃)			湿度(%)	
单位工程	检查部位	检查标准				检查结果
高低压系统	一	SF₆环境在线监测装置及通风设备				
	SF₆气体监测装置	红外传感器感应灵敏,工作可靠				
		SF₆/O₂变送器、温湿度变送器、声光报警器工作无异常				
		空气含氧量或 SF₆气体浓度监测、显示无异常,GIS室内空气中氧气大于 18% 或 SF₆气体浓度小于 1 000 μL/L(或 6 g/m³)				
		自动排风/人工强制排风功能正常				
		系统通信可靠,日志数据、报警信息保存完整				
	通风设备	室内排风扇启/停控制可靠,三相电流正常,运行无异常噪声				
		室外标识、标牌齐全				
	二	管理条件、设备外观				
	GIS室	室内整洁,上墙图表布置齐全、规范				
		无异常声音和特殊气味				
		室内照明设施工作正常				
		接地线连接可靠、无锈蚀				
		专用工具、仪器齐全、有效				
	设备	设备标识、标牌规范、齐全				
		GIS设备表面清洁,油漆完好,仪表、支架等无锈蚀、损坏				

表 28　GIS(SF₆ 断路器) 定期检查表(续)

单位工程	检查部位	检查标准	检查结果
高低压系统	设备	穿墙(地面)隔离封堵严密	
		瓷套无开裂破损或污秽现象	
	三	设备情况	
	汇控柜、机构箱	二次接线整齐、无松动,标识齐全、清晰,柜内设备无异常	
		汇控柜、机构箱封堵良好,接地牢固可靠,内部无潮湿、生锈和脏污情况	
		电气闭锁开关位置正确,远方/现地切换开关位置正确,柜面各开关位置指示与实际运行状态一致	
		弹簧机构储能正常,机构电机运转正常,机构加热器正常	
		操作机构分、合闸正常,机构无卡涩、变形现象,活动部位无异常磨损,润滑良好	
	GIS 本体	气隔标识明显、清晰;刀闸、接地刀闸传动杆及接地点按要求刷标志漆;气室应有编号,气室表计应有对应的气室编号	
		管道及阀门无损伤、锈蚀,阀门的开闭位置应正确	
		各压力表、液面计的指示值应正常,设备 SF₆ 气体无渗漏	
		避雷器的动作计数指示值、在线检测泄漏电流应正常	
		开关位置指示与实际运行状态一致	
		电气预防性试验合格、无异常	
	结论、整改建议		

技术负责人:　　　　　　检查人员:　　　　　　检查日期:

4.12 主变压器定期检查表

表 29　主变压器定期检查表

名称				规格型号		
天气			温度(℃)		湿度(%)	
单位工程	检查部位		检查标准			检查结果
高低压系统	一		管理条件、设备外观			
	变压器室		室内整洁,上墙图表布置齐全、规范			
			室内照明设施工作正常,通风设备控制可靠,运转正常			
			灭火器材齐全、有效			
			周围环境及堆放物不能对变压器的安全运行造成威胁			
	设备		设备标识、标牌规范、齐全			
			变压器外观清洁,无渗油、无锈蚀			
			各管道、闸阀无渗漏			
			闸阀状态正确			
			套管、散热器、支架等无锈蚀、损伤			
	二		设备情况			
	油浸式变压器		套管及本体油色、油位正常,油温指示正确			
			运行中变压器无异常气味,无异响、异常振动			
			各电气连接部位紧固、无松动,无发热现象			
			分接开关位置正确,变压器运行电压不应高于该运行分接额定电压的5%			
			冷却散热装置运行正常			
			气体继电器内部无气体			

表 29　主变压器定期检查表(续)

单位工程	检查部位	检查标准	检查结果
高低压系统	油浸式变压器	压力释放阀、安全气道以及防爆系统完好	
		呼吸器无损伤、硅胶无变色、油杯油位正常	
		变压器本体接地连接可靠、无锈蚀。100 kVA 以下的变压器接地点接地电阻不大于 10 Ω, 100 kVA 以上的变压器接地点接地电阻不大于 4 Ω	
		电气预防性试验合格、无异常	
	干式变压器	变压器表面清洁、无积尘,接地连接可靠。100 kVA 以下的变压器接地点接地电阻不大于 10 Ω, 100 kVA 以上的变压器接地点接地电阻不大于 4 Ω,无锈蚀	
		各电气连接部位紧固、无松动,无发热现象	
		运行中变压器无异常气味,无异响、异常振动	
		温控仪显示正常,手动测试风机运行无异常	
		带电显示装置工作正常	
		电气预防性试验合格、无异常	
结论、整改建议			

技术负责人:　　　　　　　　检查人员:　　　　　　　　检查日期:

4.13　站(所)用干式变压器定期检查表

表 30　站(所)用干式变压器定期检查表

名称			规格型号		
天气		温度(℃)		湿度(%)	
单位工程	检查部位	检查标准			检查结果
高低压系统	一	管理条件、设备外观			
	变压器柜	柜内整洁,上墙图表布置齐全、规范			
		柜内照明设施工作正常,通风设备控制可靠,运转正常			
		电磁锁工作正常			
		灭火器材齐全、有效			
	设备	设备标识、标牌规范、齐全			
		变压器外观清洁、无锈蚀			
		套管、散热器、支架等无锈蚀、损伤			
	二	设备情况			
	干式变压器	变压器表面清洁、无积尘,接地连接可靠。100 kVA 以下的变压器接地点接地电阻不大于10 Ω,100 kVA 以上的变压器接地点接地电阻不大于4 Ω,无锈蚀			
		各电气连接部位紧固、无松动,无发热现象			
		运行中变压器无异常气味,无异响、异常振动			
		温控仪显示正常,手动测试风机运行无异常			
		带电显示装置工作正常			
		电气预防性试验合格、无异常			
	结论、整改建议				

技术负责人:　　　　　　　检查人员:　　　　　　　检查日期:

4.14 高压变频器定期检查表

表 31 高压变频器定期检查表

名称			规格型号		
天气		温度(℃)		湿度(%)	
单位工程	检查部位	检查标准			检查结果
高低压系统	一	管理条件、设备外观			
	变频器室	室内整洁,上墙图表布置齐全、规范			
		通风设备、除湿设备、空调设备控制可靠、运行正常			
		室内温度、湿度满足运行要求:湿度不超过 80%,温度应在 0~40℃			
		室内照明设施工作正常			
		消防设施配置齐全、有效			
	变频器	设备标识、标牌、编号规范、齐全			
		柜体与地线连接完整,屏蔽线接地完好,系统各部位接地良好,无锈蚀			
		变频器外观清洁、无锈蚀			
	二	设备情况			
	风机、滤网	风机控制正常,运转无异响,风路畅通,进风口滤网安装牢固,清洁无积尘			
	变压器单元	柜内清洁,电缆引线布置整齐、牢固,孔洞封堵完好			
		各电气连接部位紧固、无松动,无发热现象,无异常气味,无异响、异常振动			
		柜门联锁开关工作正常			
	控制单元	柜内设备清洁、无积尘,电缆引线布置整齐、牢固,孔洞封堵完好			
		各电气连接部位坚固、无松动,无发热现象			
		柜面触摸屏工作正常,无故障报警显示,运行参数显示正常,通信正常			

表 31　高压变频器定期检查表(续)

单位工程	检查部位	检查标准	检查结果
高低压系统	控制单元	UPS电源工作正常,蓄电池容量满足运行要求	
		定期进行充电或通电检查	
		各控制开关、熔断器、单元板、接插件等设备工作正常	
		与PLC等设备的通信、联锁功能工作正常	
	功率单元	柜内清洁,电缆引线布置整齐、牢固,孔洞封堵完好	
		各电气连接部位紧固、无松动,无发热现象	
		风机工作正常	
		柜门联锁开关工作正常	
	电抗器	柜内清洁,电缆引线布置整齐、牢固,孔洞封堵完好	
		各电气连接部位坚固、无松动,无发热现象	
		运行温度、声音无异常	
	电气预防性试验	试验合格、无异常	
结论、整改建议			

技术负责人:　　　　　　　检查人员:　　　　　　　检查日期:

4.15 高压开关柜定期检查表

表 32 高压开关柜定期检查表

名称			规格型号		
天气		温度(℃)		湿度(%)	
单位工程	检查部位	检查标准			检查结果
高压系统	一	管理条件、设备外观			
	高压开关室	室内整洁,上墙图表布置齐全、规范			
		室内照明设施工作正常,通风设备控制可靠,运转正常			
		室内温度、湿度满足运行要求:湿度不超过80%,温度应在0~40℃			
		灭火器材齐全、有效			
	设备	设备标识、标牌、编号规范、齐全			
		柜体密封完好,接地良好			
		柜体外观清洁、无锈蚀			
		操作摇把、柜门钥匙、断路器备用手推车等工具配置齐全、有效			
	二	设备情况			
	开关柜	手车式柜"五防"联锁可靠、位置正确			
		触头接触紧密,无过热、变色等现象			
		二次系统各开关、熔断器、继电器、线路接插件、接线端子排等连接可靠,工作正常,编号齐全、清晰			
		二次系统各压板、指示灯、按钮、开关状态指示仪、仪表等设备工作良好,显示正确			
		操作电源、加热器电源工作正常,小母线电压正常			
		柜内清洁,电缆引线布置整齐、牢固,孔洞封堵完好			
		柜内照明装置正常,控制可靠			
	真空断路器	断路器分、合闸控制可靠,位置指示正确			
		断路器本体表面清洁、无灰尘污垢			
		绝缘套管完好,动静触头动作准确,无过热、变色现象			
		操作机构灵活,无卡阻现象,储能机构正常工作,闭锁、联动装置动作准确可靠			
		航空插头插接可靠,二次接线紧固			

表 32 高压开关柜定期检查表(续)

单位工程	检查部位	检查标准	检查结果
高压系统	微机保护装置	装置电源电压正常	
		采样值检查、时钟校对无异常	
		保护装置设备工作正常,无故障报警显示	
		二次接线紧固,无松动现象,端子编号齐全、清晰	
	互感器	表面无损伤,一二次线接线牢固、无松动	
		电压互感器二次侧无短路现象,电流互感器二次侧无开路现象,接地良好	
		绝缘良好,各项试验数据合格	
		本体整洁、油漆完整、标志正确清楚	
	避雷器(或过电压保护器)	表面清洁、无灰尘积垢、无破损、无裂纹、无放电痕迹	
		引线接头牢固	
		绝缘良好,各项试验数据合格	
	接地刀闸	分、合闸位置指示与实际一致	
		闭锁装置完好、可靠	
		传动机构连杆无弯曲变形、松动、锈蚀	
		触头接触良好,无过热、变色现象	
	电气预防性试验	试验合格、无异常	
结论、整改建议			

技术负责人:　　　　　检查人员:　　　　　检查日期:

4.16 低压开关柜定期检查表

表33 低压开关柜定期检查表

名称			规格型号	
天气		温度(℃)	湿度(%)	
单位工程	检查部位	检查标准		检查结果
高低压系统	一	管理条件、设备外观		
	低压开关室	室内整洁,上墙图表布置齐全、规范		
		室内照明设施工作正常,通风设备控制可靠、运转正常		
		室内温度、湿度满足运行要求:湿度不超过80%,温度应在0~40℃		
		灭火器材齐全、有效		
	设备	设备标识、标牌、编号规范、齐全		
		柜体密封完好,接地良好		
		柜体外观清洁、无锈蚀		
	二	设备情况		
	开关柜	柜内清洁、无积尘,电缆引线孔洞封堵完好		
		抽屉柜抽插灵活,无卡阻		
		触头接触紧密,无过热、变色等现象		
		各电气连接部位紧固、无松动,无发热现象		
		二次系统各开关、熔断器、继电器、线路接插件、接线端子排等连接可靠,工作正常,编号齐全、清晰		
		指示灯、按钮、仪表等设备齐全、完整,显示与实际工况相符		
		操作机构分、合闸正常,机构无卡涩、变形现象,活动部位无异常磨损,润滑良好		
		断路器的分、合控制可靠,位置指示正确		
		低压母线断路器保护定值复核、校验合格		
		母线开关闭锁装置可靠		
		接触器、继电器运行声音正常		
	结论、整改建议			

技术负责人: 检查人员: 检查日期:

4.17 主变保护屏定期检查表

表34 主变保护屏定期检查表

名称		规格型号		
天气		温度(℃)	湿度(%)	
单位工程	检查部位	检查标准		检查结果
高低压系统	柜体	柜体清洁、标识齐全、元器件完整,柜底封堵良好,柜内照明正常、无异味、无异响		
		柜内温度宜5~30℃,相对湿度不低于75%,室内空调工作正常		
		柜体前后配置合格的绝缘垫		
		柜内线缆布置整齐,接线规范、紧固,接线端子标号齐全、清晰		
		变压器远方温显仪工作正常、稳定		
		柜体接地牢固,接地电阻不大于4Ω		
	微机保护装置	电源稳定、可靠,通信正常		
		显示屏显示正确,指示灯指示正确,按钮、开关操作灵活,控制可靠		
		二次接线紧固,无松动现象,端子编号齐全、清晰,装置接地良好		
		背板接线紧固,端子标号齐全、清晰		
		各压板位置正确,无松动		
		装置功能启用正确,数据采集正确,控制动作可靠		
		采样值检查、时钟校对无异常		
		保护装置设备工作正常,无故障报警显示		
	电气预防性试验	试验合格、无异常		
结论、整改建议				

技术负责人：   检查人员：   检查日期：

4.18 电缆定期检查表

表35 电缆定期检查表

天气		温度(℃)		湿度(%)	
单位工程	检查部位	检查标准			检查结果
高低压系统	一般	电缆应排列整齐、固定可靠;电缆标牌应注明电缆线路的走向、编号、型号等			
		电缆外观应无损伤,无过热现象			
		电力电缆室内外终端头分支要有与母线一致的黄、绿、红三色相序标志			
		引入室内的电缆穿墙套管、预留的管洞应封堵严密			
		接地方式正确,绝缘良好,各项试验数据合格			
	电缆桥架	分层分开敷设、布线平顺			
	电缆沟	沟道内电缆支架牢固,无锈蚀,沟道内无积水、无杂物、易燃物,封堵完好			
	直埋电缆	直埋电缆线路附近地面应无挖掘痕迹;电缆沿线未堆放重物、腐蚀性物品及搭建临时建筑			
		直埋电缆线路在拐弯点,中间接头等处有埋设的标示桩或标志牌,室外露出地面上的电缆的保护钢管或角钢无锈蚀、位移或脱落,标示桩完好无损			
	电气预防性试验	试验合格、无异常			
结论、整改建议					

技术负责人:　　　　　　检查人员:　　　　　　检查日期:

4.19 补偿装置定期检查表

表 36 补偿装置定期检查表

名称			规格型号		
天气		温度(℃)		湿度(%)	
单位工程	检查部位	检查标准			检查结果
高低压系统	补偿装置	设备标识、标牌、编号齐全、规范			
		柜体密封完好、接地可靠			
		柜体外观清洁、无锈蚀			
		柜内各电气连接部位紧固、无松动,无发热现象			
		指示灯、按钮、仪表等设备齐全、完整,显示与实际工况相符			
		柜内清洁、无积尘,电缆引线孔洞封堵完好			
		柜内各开关、熔断器、继电器、接线端子排等连接可靠,工作正常			
		电容器自动投切装置动作可靠、运行正常			
		指示仪表及避雷设施等均开展定期校验			
	电容器	电力电容器应在额定电压±5%波动范围内运行,在额定电流30%工况下运行			
		电容器外壳无过度膨胀现象			
		电容器外壳和套管无渗漏油现象			
		电容器套管清洁,无裂痕,破损,无放电现象,接线连接完好			
		外壳接地可靠			
		电力电容器运行室温度不允许超过40℃,外壳温度不允许超过50℃			
结论、整改建议					

技术负责人： 检查人员： 检查日期：

4.20 安全用具定期检查表

表37 安全用具定期检查表

天气		温度(℃)		湿度(%)	
单位工程	检查部位	检查标准			检查结果
高低压系统	验电器	定期(明确频次)试验数据合格,试验报告完整			
		存放环境干燥、通风、无腐蚀气体			
		外观无裂纹、变形、损坏			
		各节连接牢固,无缺失,长度符合要求			
		发声器自检完好,声光正常			
	接地线	接地线数量齐全、无缺失			
		定期试验合格,试验报告完整			
		存放环境干燥、通风、无腐蚀气体			
		外观无裂纹、变形、损坏			
		各连接点牢固,接地线无断股			
	绝缘操作杆	接地线数量齐全、无缺失			
		定期试验合格,试验报告完整			
		存放环境干燥、通风、无腐蚀气体			
		绝缘棒、钩环无裂纹、变形、损坏			
		各节连接牢固,无缺少,长度符合要求			
	安全带(绳)	定期试验合格,试验报告完整			
		存放环境干燥、通风、无腐蚀气体			
		无断线、断股现象,绳带无变质			
		金属部件无锈蚀、变形			
		保险功能完好			
		安全绳带保护套完好,安全绳无打结现象			
	安全帽	应在有效期内			
		存放环境干燥、通风、无腐蚀气体			
		外观清洁、完整、无变形			
		帽壳、帽衬、下颌带、锁紧卡、插接完好			

表 37 安全用具定期检查表(续)

单位工程	检查部位	检查标准	检查结果
高低压系统	绝缘手套	定期试验合格,试验报告完整	
		存放环境干燥、通风、无腐蚀气体	
		表面平滑,无裂纹、划伤、磨损、破漏等损伤	
		无针眼、砂孔	
		无黏结、老化现象	
	绝缘靴	定期试验合格,试验报告完整	
		存放环境干燥、通风、无腐蚀气体	
		靴底无扎痕	
		靴内无受潮	
		无黏结、老化现象	
	防毒面具	存放环境干燥、通风良好	
		滤毒罐在有效期内	
		面具、导气软管、呼气阀片、头带、滤毒罐无裂缝、变形、破裂,外观完整	
		面具气密性检查正常	
	标识、标牌	外观完整无破损	
		标识内容清晰	
		标牌颜色、尺寸符合标准	
	电气预防性试验	试验合格、无异常	
结论、整改建议			

技术负责人: 　　　　　检查人员: 　　　　　检查日期:

4.21 励磁装置定期检查表

表 38　励磁装置定期检查表

名称			规格型号		
天气		温度(℃)		湿度(%)	
单位工程	检查部位		检查标准		检查结果
高低压系统	一		管理条件、设备外观		
		励磁室	室内整洁,上墙图表布置齐全、规范		
			室内照明设施工作正常,通风设备控制可靠,运转正常		
			灭火器材齐全、有效		
			室内温度、湿度满足运行要求;湿度不超过80%,温度应在0~40℃		
			室内通风风机、空调装置正常		
		设备	设备标识、标牌、编号规范、齐全		
			柜体密封完好,接地良好		
			柜体外观清洁,无锈蚀、变形、损坏、脏污现象		
	二		设备情况		
		励磁装置	工作电源、操作电源等正常可靠		
			二次系统各开关、熔断器、继电器、线路接插件、接线端子排等连接可靠,工作正常,编号齐全、清晰		
			盘面指示灯、按钮、仪表等设备齐全、完整,显示与实际工况相符		
			液晶控制屏参数检查正常,无不正常报警		
			励磁调节器接线紧固,端子编号齐全、清晰,通信畅通,切换可靠,无异常报警,运行状态与备用状态正确		
			冷却风机控制可靠、运转正常、无异常声响		
			一次回路各电气连接部位紧固、无松动,无发热现象		
			一次回路电源空气开关分、合闸正常,机构无卡涩、变形现象		
		励磁变压器	变压器表面清洁、无积尘,接地连接可靠。100 kVA以下的变压器接地点接地电阻不大于10 Ω,100 kVA以上的变压器接地点接地电阻不大于4 Ω,无锈蚀		
			各电气连接部位紧固、无松动,无发热现象		
			运行中变压器无异常气味,无异响、异常振动		
			温控仪显示正常		
			电气预防性试验合格、无异常		
结论、整改建议					

技术负责人:　　　　　　检查人员:　　　　　　检查日期:

4.22 主电机定期检查表表

表39 主电机(卧式机组)定期检查表

名称		规格型号		
天气		温度(℃)	湿度(%)	
单位工程	检查部位	检查标准		检查结果
主机组系统	一	管理条件、设备外观		
	主电机	电机铭牌、设备编号、标识、标牌齐全,固定位置醒目,标识清晰		
		设备表面清洁、无锈蚀		
		各管道、闸阀等按规定涂刷明显的颜色标志		
		各连接螺栓紧固、无松动		
		各管道连接无渗漏,支架紧固、无松动		
	二	设备情况		
	主电机	主电机定子绝缘电阻不应低于1 MΩ,转子绝缘电阻不应低于0.5 MΩ		
		运行中电机定子电流、电压,转子电流、电压,电机功率正常		
		绕组温度、轴承温度测量元件无损坏,测量装置显示正确、工作可靠		
		前后轴承温度正常、无渗油现象		
		电机已按规定加注足量且符合要求的润滑油、脂		
		电机滑环表面光洁、无锈蚀、无积垢、无卡滞现象,碳刷安装牢固,无异常磨损,压力正常;运行中滑环与碳刷间无火花		
		空气间隙检查无异物与卡阻		
		电机冷却风机控制可靠、运转正常、无异常声响、通风良好		
		空水冷却器无渗漏、无堵塞		
		运行中电机的允许振幅不超过厂商规定值		
		运行中电机无异常声响、无异常振动		
		电气预防性试验合格、无异常		
结论、整改建议				

技术负责人: 　　　检查人员: 　　　检查日期:

表 40　主电机(立式机组)定期检查表

名称			规格型号		
天气		温度(℃)		湿度(%)	
单位工程	检查部位	检查标准			检查结果
主机组系统	一	设备外观			
	主电机	电机铭牌、设备编号、标识、标牌齐全,固定位置醒目,标识清晰			
		设备表面清洁、无锈蚀			
		各管道、闸阀等按规定涂刷明显的颜色标志			
		各连接螺栓紧固、无松动			
		各管道连接无渗漏,支架紧固、无松动			
	二	设备情况			
	主电机	主电机定子绝缘电阻不应低于 1 MΩ,转子绝缘电阻不应低于 0.5 MΩ			
		运行中电机定子电流、电压,转子电流、电压,电机功率正常			
		绕组温度、轴承温度测量元件无损坏,测量装置显示正确,工作可靠			
		油缸油位、油色、油温等正常,无渗油现象			
		电机已按规定加注润滑油、脂			
		电机滑环表面光洁、无锈蚀、无积垢、无卡滞现象,碳刷安装牢固,无异常磨损,压力正常;运行中滑环与碳刷间无火花			
		顶车装置正常,有制动机构的,制动器已复位			
		空气间隙检查无异物与卡阻			
		电机冷却风机控制可靠、运转正常、无异常声响、通风良好			
		运行中电机的允许振幅不超过厂商规定值			
		运行中电机无异常声响、无异常振动			
		电气预防性试验合格、无异常			
结论、整改建议					

技术负责人：　　　　　　检查人员：　　　　　　检查日期：

4.23 主水泵定期检查表

表 41 主水泵(卧式)定期检查表

名称			规格型号		
天气		温度(℃)		湿度(%)	
单位工程	检查部位		检查标准		检查结果
主机组系统	一		管理条件、设备外观		
	主水泵		水泵铭牌、编号、标识、标牌齐全,固定位置醒目,标识清晰		
			水泵表面清洁、无锈蚀、无渗漏		
			各管道、闸阀等按规定涂刷明显的颜色标志		
			各连接螺栓紧固、无松动		
			安全防护设施完好		
			水泵层照明设施完好		
			各管道连接无渗漏,支架紧固、无松动		
	二		机体部分		
	主水泵		填料函处填料压紧程度正常,运行中润滑水量正常		
			运行中水泵汽蚀、振动和声音无异常		
			填料函处无偏磨和过热现象		
			泵轴机械密封或填料密封良好,运行中漏水量正常		
			齿轮箱振动数值、油位、油色、油质符合要求,运行声响正常,端面无渗漏油现象		
			推力轴承油位、油质、油温符合要求,运行稳定,无异常振动、声响		
			全调节水泵调节机构灵活可靠,叶片角度指示与实际情况相符合,温度、声音正常并无振动及渗漏油现象		
			空气围带密封良好		
结论、整改建议					

技术负责人:　　　　　　　检查人员:　　　　　　　检查日期:

表 42 主水泵(立式)定期检查表

名称				规格型号		
天气			温度(℃)		湿度(%)	
单位工程	检查部位		检查标准			检查结果
主机组系统	一		设备外观			
	主水泵		水泵铭牌、编号、标识、标牌齐全,固定位置醒目,标识清晰			
			水泵表面清洁、无锈蚀、无渗漏			
			各管道、闸阀等按规定涂刷明显的颜色标志			
			各连接螺栓紧固、无松动			
			安全防护设施完好			
			水泵层照明设施完好			
			各管道连接无渗漏,支架紧固、无松动			
	二		机体部分			
	主水泵		采用水润滑轴承的水泵,填料函处填料压紧程度正常,运行中润滑水量正常			
			采用稀油润滑轴承的水泵,润滑油油位、油色及轴承温度正常			
			齿轮箱已根据制造厂要求进行了定期检查或更换润滑油、润滑油脂			
			全调节水泵调节机构灵活可靠,叶片角度指示与实际情况相符合,温度、声音正常并无振动及渗漏油现象			
			运行中水泵汽蚀、振动和声音无异常			
			填料函处无偏磨和过热现象			
			水泵顶盖排水通畅,无积水			
			集水井水位控制及排水设施运行正常			
结论、整改建议						

技术负责人: 　　　　　　检查人员: 　　　　　　检查日期:

4.24 真空破坏阀定期检查表

表 43　真空破坏阀定期检查表(气动)

名称			规格型号	
温度(℃)			湿度(%)	
单位工程	检查部位	检查标准		检查结果
辅机系统	控制部分	电动操作机构灵活、可靠		
		电缆标识、标牌清晰,接线桩头紧固		
		时间继电器计时准确,动作灵活、可靠		
		限位开关动作灵活、可靠,接线桩头紧固		
		手动开关操作灵活、可靠		
		开停联动操作可靠		
	本体	阀体密封严密、油漆完好		
		玻璃无裂纹,隔离网罩无变形、损坏		
		底座固定螺栓紧固、无锈蚀、接地可靠		
	气系统	空压机的运行排量满足需要,并定期检查		
		气管路上的阀件、储气罐密封满足要求		
		定期清除储气罐内的积水和杂质		
		自动装置及压力继电器动作可靠		
		电缆标识、标牌清晰,接线桩头紧固		
		压力气罐、安全阀每年定期开展特种设备检测		
		管路标识正确,管道畅通、无堵塞、无渗漏现象		
	其他	编号、标识、标牌齐全、规范		
		紧急破坏锤配备完善		
结论、整改建议				

技术负责人:　　　　　　检查人员:　　　　　　检查日期:

表 44 真空破坏阀定期检查表(电动)

名称			规格型号	
温度(℃)			湿度(%)	

单位工程	检查部位	检查标准	检查结果
辅机系统	控制部分	与主机高压柜、励磁装置联动操作可靠	
		电缆标识、标牌清晰,接线桩头紧固	
		上位机开关阀操作可靠	
		电磁阀手动操作灵活、可靠	
	本体	阀体密封严密,油漆完好	
		玻璃无裂纹,隔离网罩无变形、损坏	
		底座固定螺栓紧固、无锈蚀、接地可靠	
	其他	无烧焦等异味	
		无异响	
		编号、标识、标牌齐全、规范	
		紧急破坏锤配备完善	
结论、整改建议			

技术负责人: 　　　　　检查人员: 　　　　　检查日期:

4.25 稀油润滑装置定期检查表

表 45 稀油润滑装置定期检查表

名称			规格型号	
温度(℃)			湿度(%)	
单位工程	检查部位	检 查 标 准		检查结果
辅机系统	稀油站本体	本体接地牢固可靠		
		油箱油位正常,管路、附件无渗漏		
		压力油定期过滤,油质清澈		
		电机绝缘符合要求		
		油泵运转正常,压力稳定,无异常声响和振动		
		液位开关、压力开关动作可靠,液位计指示正确		
		流量阀、溢流阀等各阀件开关自如		
		手动阀操作灵活、可靠		
		加热器能自动投切		
		各传感器数据采集正确,工作稳定		
		油过滤器、水过滤器、空气过滤器定期清洁,无堵塞现象,工作正常		
		吸湿剂干燥无变色		
	控制箱/柜	柜体封堵良好,接地牢固可靠		
		箱/柜面操作灵活,控制可靠		
		系统通信可靠,显示屏显示正确		
		按钮、指示灯、仪表指示正确,与实际工况一致		
		柜内线缆布置整齐,接线紧固、规范		
		控制保护运行稳定,能自动切换		
		无不正常报警		
	其他	编号、标识、标牌齐全、规范		
		油质定期化验合格		
		安全阀定期检验合格		
结论、整改建议				

技术负责人：　　　　　　　　检查人员：　　　　　　　　检查日期：

4.26 叶片调节装置定期检查表

表46 液压式叶片调节装置定期检查表

名称				规格型号		
天气		温度(℃)		湿度(%)		
单位工程	检查部位	检查标准				检查结果
辅机系统	液压装置	外观清洁、完整,无锈蚀,密封完好,无渗漏油				
		装置接地牢固可靠				
		油箱油色、油位正常,油箱呼吸器完好				
		电机绝缘符合要求				
		油泵运转正常,无异常声响				
		氮气罐清洁、完好,无漏气现象				
		油水分离器工作正常				
		表计、示流装置完好,阀操作灵活、控制可靠				
		油压保持时间在规定范围内				
	受油器	管路无锈蚀、滴渗现象				
		叶片调节机械指示完好				
		闸阀操作灵活,控制可靠				
		限位开关动作灵活、工作可靠				
		轴承运转无异常声音				
		远方、现地手动操作灵活、无卡阻,远方显示与实际指示一致				
		内泄漏量小于规定值				
	控制箱/柜	柜体封堵良好,接地牢固可靠				
		箱/柜面操作灵活,控制可靠				
		系统通信可靠,显示屏显示正确,无不正常报警				
		按钮、指示灯、仪表指示正确,与实际工况一致				
		柜内线缆布置整齐,接线紧固、规范				
		油泵控制箱接线规范,控制保护运行稳定,能自动切换				
		电加热器完好,能正常加热				
	其他	编号、标识、标牌齐全、规范				
		油质定期化验合格				
		安全阀、减压阀定期检验合格				
结论、整改建议						

技术负责人:　　　　　　检查人员:　　　　　　检查日期:

表 47　机械式叶片调节装置定期检查表

名称				规格型号		
天气		温度（℃）		湿度（%）		
单位工程	检查部位	检 查 标 准				检查结果
辅机系统	机械调节装置	测试角度				
		机械指示角度				
		计算机指示角度				
		机械调节机构油位				
		分离器油位				
		调节电机绝缘、外观				
	控制箱/柜	柜体封堵良好，接地牢固可靠				
		箱/柜面操作灵活，控制可靠				
		系统通信可靠，显示屏显示正确，无不正常报警				
		按钮、指示灯、仪表指示正确，与实际工况一致				
		柜内线缆布置整齐，接线紧固、规范				
		油泵控制箱接线规范，控制保护运行稳定，能自动切换				
		电加热器完好，能正常加热				
	其他	编号、标识、标牌齐全、规范				
		安全阀、减压阀定期检验合格				
结论、整改建议						

技术负责人：　　　　　　　检查人员：　　　　　　　检查日期：

4.27 供(排)水泵定期检查表

表 48 供(排)水泵定期检查表

名称			规格型号		
天气		温度(℃)		湿度(%)	
单位工程	检查部位	检查标准			检查结果
辅机系统	供(排)水泵组	外观清洁完整,无锈蚀			
		接地牢固、可靠			
		电源引入线无松动、碰伤和灼伤,接线端子紧固			
		绝缘良好,符合规范			
		现场/远方(手动/自动)控制可靠,运转无异常声响、振动,信号正确			
		轴封无异常漏水现象			
		水泵的流量和出水压力正常			
	自动控制设备	浮子液位计灵敏度良好			
		集水井水位控制及排水设施运行正常			
结论、整改建议					

技术负责人：　　　　　　检查人员：　　　　　　检查日期：

4.28 管道闸阀定期检查表

表 49　管道闸阀定期检查表

天气		温度（℃）		湿度（％）	
单位工程	检查部位	检查标准			检查结果
辅机系统	管道闸阀	管道无锈蚀、变形、渗漏现象			
		管道连接处紧固、无锈蚀，密封件完好，无渗漏			
		示流装置良好，供水管路畅通，流向标识、颜色显示准确			
		闸阀动作灵活，控制可靠			
		仪表及传感器外观完整、指示准确、传输可靠			
		线缆布置合理、固定牢固、接线紧固			
		闸阀无锈蚀、变形、渗漏现象			
结论、整改建议					

技术负责人：　　　　　　　　检查人员：　　　　　　　　检查日期：

4.29 冷水机组定期检查表

表 50 冷水机组定期检查表

名称			规格型号		
天气		温度(℃)		湿度(%)	
单位工程	检查部位	检查标准			检查结果
辅机系统	冷水主机	设备铭牌、编号、标识、标牌齐全、完好			
		设备完整,表面清洁、无锈蚀、无渗漏			
		机组通风散热满足运行要求,电压、电流正常,运转无异常声响			
		设备接地良好			
		机组控制可靠,温度控制、调节正常			
		设备运行压力、温度指示/显示正常			
	供水系统	水泵、管路及各闸阀编号、标识齐全、规范			
		电机、水泵接地良好			
		管路、附件无锈蚀、无渗漏,电动或手动闸阀操作灵活、可靠			
		供水泵控制可靠,电流、电压正常,无异常声音,无异常振动,运转正常			
		供水的水质、水量、水温、水压等满足运行要求			
		示流装置良好,供水管路畅通			
		各表计、传感器外观完好,显示/指示数据正确,线缆布置整齐,接线牢固			
结论、整改建议					

技术负责人: 检查人员: 检查日期:

4.30 闸门定期检查表

表 51　闸门定期检查表

名称			规格型号		
天气		温度(℃)		湿度(%)	
单位工程	检查部位	检 查 标 准			检查结果
闸门启闭机系统	闸门	闸门及吊耳(门铰)、门槽结构完整			
		焊缝无裂纹、脱焊			
		吊耳、吊杆及锁定装置的销轴裂纹或磨损、腐蚀量不大于原直径的10%			
		受力拉板或撑板腐蚀量不大于原厚度的10%			
		门体和门槽平整、无变形			
		闸门埋件无局部变形、脱落,埋件破损面积≤30%			
		闸门表面无铁锈、氧化皮,涂装涂层满足要求			
		止水装置完好,止水严密,门后水流散射或设计水头下渗漏量≤0.2 L/(s·m)			
		锁定装置、缓冲装置工作可靠			
		启闭无卡阻、整体运行平稳、无振动			
		图纸、工程等资料齐全			
结论、整改建议					

技术负责人：　　　　　　检查人员：　　　　　　检查日期：

4.31 液压式启闭机定期检查表

表 52　液压式启闭机定期检查表

名称			规格型号	
天气		温度(℃)		湿度(%)
单位工程	检查部位	检 查 标 准		检查结果
闸门启闭机系统	油泵	外观清洁、完整,无渗油,无锈蚀		
		接地牢固、可靠		
		电机绝缘电阻值不应低于 0.5 MΩ		
		电源引入线无松动、碰伤和灼伤,电机接线盒接线紧固		
		工作压力平稳,运行无异声、无异常振动		
	油箱	箱体清洁、完整,无锈蚀,无渗漏油		
		油位正常,压力油定期过滤,油质化验合格		
		呼吸器完好,吸湿剂干燥		
		过滤器无阻塞或变形		
		表计完好,指示正确,传感器数据采集正确、接线规范		
	阀组、管路	外观清洁、完整,无渗漏油,无锈蚀,橡胶油管无龟裂		
		插装阀进、排油无堵塞现象		
		闸门调差机构工作正常		
		阀动作灵活、控制可靠		
	控制部分	柜体封堵良好,接地牢固可靠		
		闸门启闭控制可靠、运行无卡阻,活塞杆无锈蚀和渗漏现象		
		泄压阀动作可靠,与启闭机联动良好		
		限位装置动作可靠		
		系统通信可靠,显示屏显示正确,无不正常报警		
		按钮、指示灯、仪表指示正确,与实际工况一致		
		柜内线缆布置整齐,接线紧固、规范		
		端子及电缆标牌清晰		
	其他	编号、标识、标牌齐全、规范		
结论、整改建议				

技术负责人:　　　　　　　检查人员:　　　　　　　检查日期:

4.32 卷扬式启闭机定期检查表

表 53　卷扬式启闭机定期检查表

名称			规格型号		
天气		温度(℃)		湿度(%)	
单位工程	检查部位	检查标准			检查结果
闸门启闭机系统	一	电气部分			
	线路	布线合理,无漏电、短路、断路、虚连等现象			
		线路接头连接良好、无锈蚀、无氧化			
		绝缘性能良好,一次回路、二次回路及导线间的绝缘电阻值均不小于 0.5 MΩ,接地可靠			
	操作箱	箱内整洁、干净			
		各种开关、继电保护装置应保持干净,触点良好,接头牢固、无锈蚀			
		限位装置应保持定位准确可靠、触点无烧毛现象			
		指示仪表及避雷设施等均应按有关规定定期校验			
	电动机	外观清洁完整,无锈蚀			
		接线盒应防潮,压线螺栓应旋紧,并确保接地牢固可靠			
		轴承内的润滑脂应保持填满空腔内 1/3～1/2,有油杯的应旋紧油杯,油质合格			
		转子电动机碳刷无断裂、脱辫现象,在刷盒内上、下移动正常			
		绕组的绝缘电阻值应符合要求(不小于 0.5 MΩ)			
	二	机械部分			
	外观	防护罩、机体表面应保持清洁,除转动部位的面外,均应定期采用涂料保护,保持机体外观协调美观、整洁干净			
	减速器	观察孔应保持清洁,油量充足、油位正常、油质合格			
		齿轮啮合正好,无严重磨损和锈蚀			
	联轴器	弹性圈无老化、破损,与销轴装配密实,同轴度在允许偏差范围内			
		连接紧固,无松动现象,运转平稳,无张裂现象和异常声音			

表 53 卷扬式启闭机定期检查表(续)

单位工程	检查部位	检查标准	检查结果
闸门启闭机系统	制动器	动作灵活、制动可靠,各部件无破损、裂纹、砂眼等缺陷	
		制动轮、闸瓦表面清洁,制动器无渗漏油,表面无油污、油漆、水分等	
		制动轮和闸瓦之间的间隙在 0.5~1.0 mm	
		制动带与制动轮的实际接触面积不小于总面积的 75%	
		制动带与制动闸瓦贴合紧密,边缘整齐,固定铆钉头部埋入制动带厚度在 1/3 以上	
		主弹簧弹性正常、无变形	
	轴承	无损伤、变形、裂纹、斑坑及锈蚀现象,磨损的直线度不超过标准规定值	
		转动灵活、无噪音	
	三	起吊部分	
	钢丝绳	涂抹防水油脂,清洗保养,油质良好	
		钢丝绳无断丝、断股和锈蚀现象	
		钢丝绳在卷筒上的预绕圈数应符合设计规定,无规定时应大于 4 圈	
		钢丝绳不得接长使用	
	闸门开度指示	运转灵活、指示准确	
	其他	编号、标识、标牌齐全、规范	
结论、整改建议			

技术负责人:　　　　　　检查人员:　　　　　　检查日期:

4.33 行车定期检查表

表54 行车定期检查表

名称			规格型号		
天气		温度(℃)		湿度(%)	
单位工程	检查部位	检查标准			检查结果
特种设备系统	电气部分	控制可靠,运行平稳			
		有必要的保护设施、设备,运行可靠			
		滑触线接触良好,三相带电指示灯正常闪烁			
		升降限位能够保证可靠动作,起到保护作用			
		大车限位及小车变幅限位能够保证可靠动作,起到保护作用			
		电气器件、线路完好,端子接线无松动、发热			
		转子电动机碳刷磨损情况在允许范围内			
		导电滑块接触面不小于80%			
		葫芦动作可靠、运行平稳			
		大车动作可靠、运行平稳			
		小车动作可靠、运行平稳			
		警铃能起到警示作用			
		各操作按钮、手柄操作灵活、可靠			
	机械部分	扶梯坚固,无锈蚀、损坏			
		轨道保养良好、表面平整、平行度符合要求			
		车轮轴承无杂音,轴承润滑良好、无发热			
		吊梁无裂焊、变形			

表 54　行车定期检查表(续)

单位工程	检查部位	检查标准	检查结果
特种设备系统	机械部分	刹车制动平稳可靠,不溜钩	
		卷筒动作可靠、运行平稳	
		卷扬机固定牢固	
		钢丝绳保养良好,无断丝、断股现象,固定牢固,润滑良好	
		卡板无松脱	
		吊钩固定牢固、无裂纹、磨损正常,防脱钩装置完好,无变形,动作灵活可靠	
		联轴器无异常声音,螺栓无松动	
		变速机构能够保证可靠变速,变速箱渗漏油充足,油色、油温正常	
		缓冲器支座无裂纹,缓冲器性能良好、无损坏	
		各门部位闭锁开关能够可靠动作	
		润滑良好,油量充足、油质合格	
		挡块起到必要的保护作用	
		防雨设施完备,能够起到保护作用	
	其他	设备编号、标识、标牌齐全、规范	
		按规定进行检测	
		操作室配备合格的灭火器	
结论、整改建议			

技术负责人:　　　　　　　检查人员:　　　　　　　检查日期:

4.34 压力罐定期检查表

表 55 压力罐定期检查表

名称			规格型号		
天气		温度(℃)		湿度(％)	
单位工程	检查部位	检 查 标 准			检查结果
特种设备系统	压力罐	外观清洁、完整,无锈蚀			
		液位计指示准确			
		闸阀动作灵活、控制可靠			
		线缆布置合理、固定牢固、接线紧固			
结论、 整改建议					

技术负责人：　　　　　　　检查人员：　　　　　　　检查日期：

4.35 消防设施定期检查表

表 56 消防设施定期检查表

名称			规格型号	
天气		温度(℃)		湿度(%)
单位工程	检查部位	检查标准		检查结果
消防系统	控制系统	系统控制柜内清洁、无积尘,电缆引线孔洞封堵完好		
		系统报警设备控制可靠、工作正常、无异常报警信息		
		烟感器、火焰探测器等设备运行正常		
	消防设备	灭火器放置位置、数量配置合理		
		灭火器定期专人保养到位		
		消防通道指示牌工作正常		
		消防栓、管路、闸阀、附件等无锈蚀、无渗漏、无损坏,闸阀操作灵活、可靠		
		标识齐全、规范		
		压力气罐、安全阀按相关规定由质量技术监督部门定期进行检测		
		消防泵控制系统控制可靠,设备运转平稳		
		消防沙池及配备工器具齐全、合理		
		消防警示标语、标识布置完好		
		消防箱内设备齐全、完好,报警按钮工作正常		
		消防水池蓄水正常		
结论、整改建议				

技术负责人: 检查人员: 检查日期:

4.36 直流系统定期检查表

表 57 直流系统定期检查表

名称		规格型号		
天气		温度(℃)	湿度(%)	
单位工程	检查部位	检查标准		检查结果
直流系统	柜体	柜体外观清洁、无锈蚀,柜内无积尘		
		柜内清洁、无积尘,电缆引线孔洞封堵完好		
		设备标识、编号规范、齐全		
		各电气连接部位紧固、无松动、无发热现象		
	直流屏	柜内各开关、熔断器、继电器、线路接插件、接线端子排等连接可靠,工作正常,编号齐全、清晰		
		屏面各指示灯、按钮、仪表等设备齐全、完整、显示与实际工况相符,无不正常报警		
		蓄电池电压、直流母线电压、充电电流、母线电流正常		
		直流系统正、负对地电压正常,系统对地绝缘良好		
		触摸屏工作正常,运行设置良好		
		逆变电源温度、声音无异常,输出电压、电流正常		
		整流、充电、调压设备工作正常		
		柜体温度散热良好,风扇运转无异常声音		
	蓄电池	电池充满电时在浮充电方式下运行		
		电池柜内无污物、积尘,电池编号齐全		
		电池接线牢固,连接处无锈蚀		
		电池外壳无发热起鼓、无破损现象		
		电池在规定时间内进行了均衡充电和核对性充放电,容量保持在额定容量的80%以上		
		各单体电池电压正常		
		蓄电池运行环境温度在5~35℃		
	逆变屏(UPS)	柜内各开关、熔断器、继电器、线路接插件、接线端子排等连接可靠,工作正常,编号齐全、清晰		
		外观清洁,散热良好,设备运行无异常声响		
		电源输入、输出电压、电流、频率正常		
		UPS防雷措施可靠,装置接地完好		
		UPS启动、自检状况良好,无不正常报警		
结论、整改建议				

技术负责人: 　　　　检查人员: 　　　　检查日期:

4.37 计算机监控系统定期检查表

表 58 计算机监控系统定期检查表

天气		温度(℃)		湿度(%)	
单位工程	检查部位	检查标准			检查结果
自动化监测系统	一	上位机			
	操作员工作站	计算机无积尘、无异常声响,输入设备完好,操作可靠			
		软件运行稳定、流畅,画面调用灵活、可靠,响应速度快			
		通信网络工作正常			
		系统软件有备份			
		操作权限设置明确,设备控制、自动控制准确可靠			
		采用不间断电源工作			
		接地牢固、可靠,接地电阻不大于 1 Ω			
		主/从机切换可靠			
		系统数据采集精度满足要求(温度、水位、闸门开度采集精度不低于 0.25%,压力采集精度不低于 0.5%)			
		报表查询、打印功能完善			
		故障信息、报警信息准确			
	工程师站	计算机无积尘、无异常声响,输入设备完好,操作可靠			
		软件运行稳定、流畅,画面调用灵活、可靠,响应速度快			
		通信网络工作正常			
		系统软件有备份			
		操作权限设置明确			
		采用不间断电源工作			
		接地牢固、可靠,接地电阻不大于 1 Ω			
	历史数据服务器	计算机无积尘、无异常声响,输入设备完好,操作可靠			
		软件运行稳定、流畅,画面调用灵活、可靠,响应速度快			
		通信网络工作正常			
		软件及数据及时备份			
		操作权限设置明确			
		采用不间断电源工作			
		接地牢固、可靠,接地电阻不大于 1 Ω			
		报表数据完整、准确			

表 58　计算机监控系统定期检查表(第 2 页/共 4 页)

单位工程	检查部位	检查标准	检查结果
自动化监测系统	通信服务器	计算机无积尘、无异常声响,输入设备完好,操作可靠	
		软件运行稳定、流畅,画面调用灵活、可靠,响应速度快	
		通信网络工作正常	
		系统软件有备份	
		操作权限设置明确	
		采用不间断电源工作	
		接地牢固、可靠,接地电阻不大于 1 Ω	
	振摆监测计算机	计算机无积尘、无异常声响,输入设备完好,操作可靠	
		软件运行稳定、流畅,画面调用灵活、可靠,响应速度快	
		通信网络工作正常	
		系统软件有备份	
		操作权限设置明确	
		采用不间断电源工作	
		接地牢固、可靠,接地电阻不大于 1 Ω	
	流量监测计算机	计算机无积尘、无异常声响,输入设备完好,操作可靠	
		软件运行稳定、流畅,画面调用灵活、可靠,响应速度快	
		通信网络工作正常	
		系统软件有备份	
		操作权限设置明确	
		采用不间断电源工作	
		接地牢固、可靠,接地电阻不大于 1 Ω	
	二	LCU 柜	
	公用 LCU 柜	电源模块输入电压符合要求:AC 220 V/380 V±5%,DC 187~253 V	
		模块工作良好、无异味、无异响、无损坏	
		内置电池电量满足运行需求	
		PLC 通信可靠、正常	
		PLC 接地牢固可靠,接地电阻不大于 1 Ω	
		柜体清洁,标识齐全,元器件完整,柜底封堵良好	

表 58　计算机监控系统定期检查表(第 3 页/共 4 页)

单位工程	检查部位	检查标准	检查结果
自动化 监测系统	公用 LCU 柜	柜内温度宜 0～40℃,湿度为 40%～70%,无凝结	
		柜体前后配置合格的绝缘垫	
		柜内线缆布置整齐,接线规范、紧固,接线端子标号齐全、清晰	
		柜内接线端子图齐全,符合实际	
		继电器外壳无破损,线圈无过热,接点接触良好,功能标识完好	
		传感器、变送器、监测模块等工作正常、稳定	
		触摸屏显示正确,通信可靠,控制正常	
		指示灯指示正确,按钮、开关操作灵活、控制可靠	
		柜内照明正常	
		柜体接地牢固,接地电阻不大于 4 Ω	
	……		
	三	网络、通信设备	
	网络传输设备	供电电源稳定、可靠,有防雷措施	
		外观清洁、散热良好,设备运行无异常声响	
		线缆布置整齐、有序,线缆标签齐全、清晰	
		设备通信稳定、可靠	
	网络设备屏	表面清洁,柜体密封严密、油漆完整、无变形	
		柜内整洁、无积垢、无小动物痕迹,电缆进出孔封板完整	
		供电电源稳定、可靠,有防雷措施,接线牢固可靠	
		端子标号、电缆标牌清晰完整	
		柜体接地良好	
		柜内设备通信稳定、可靠	
		资料齐全	
	四	现地测控柜	
	流量监测控制柜	柜(箱)体清洁、标识齐全、元器件完整,柜底封堵良好	
		柜(箱)体前后配置合格的绝缘垫	

表58 计算机监控系统定期检查表(第4页/共4页)

单位工程	检查部位	检查标准	检查结果
自动化监测系统	流量监测控制柜	接线端子标号齐全、清晰,接线规范、紧固	
		柜(箱)内接线端子图齐全、符合实际	
		传感器、变送器、监测模块等工作稳定、可靠	
		柜体接地牢固,接地电阻不大于4Ω	
	主机温、湿度监测柜	表面清洁,柜体密封严密、油漆完整、无变形	
		柜内整洁、无积垢、无小动物痕迹,电缆进出孔封板完整	
		二次接线排列整齐,接线牢固可靠	
		端子标号、电缆标牌清晰完整	
		柜体接地良好	
		柜内设备工作正常	
		资料齐全	
	振动监测柜	柜体清洁、标识齐全、元器件完整,柜底封堵良好	
		柜体前后配置合格的绝缘垫	
		接线端子标号齐全、清晰,接线规范、紧固	
		柜内接线端子图齐全,符合实际	
		传感器、变送器、监测模块等工作正常、稳定	
		柜体接地牢固,接地电阻不大于4Ω	
	五	其他	
	GPS同步时钟	装置清洁,启动、自检正常	
		时钟校验功能正常	
		天线完好	
		与相关设备通信正常	
		装置接地完好	
结论、整改建议			

技术负责人:　　　　　　　　检查人员:　　　　　　　　检查日期:

4.38 视频监视系统定期检查表

表 59 视频监视系统定期检查表

名称			规格型号		
天气		温度(℃)		湿度(%)	
单位工程	检查部位	检查标准			检查结果
自动化监测系统	视频监视设备	视频摄像机图像质量较好、色彩清晰、无干扰			
		摄像机控制云台转动灵活,无明显卡阻现象			
		摄像机焦距调节灵活可靠			
		摄像机防护罩清洁,无破损、老化现象			
		固定摄像机的支架或杆塔无锈蚀损坏			
		录像机硬盘容量符合要求(可存储10天以上图像)			
		已设置录像状态,可在客户端远程调用历史录像查询			
		视频管理计算机安装客户端软件且工作正常			
		系统内装有杀毒软件,且随时保持更新			
		视频监视器(电视、大屏幕投影机等)外观清洁,图像清晰、色彩还原正常,无干扰			
		视频监视系统防雷设施完好,接地牢固、可靠,接地电阻不大于1Ω			
		机柜清洁,网络交换机、光纤收发机等工作正常、网络通畅			
		根据用户角色设置不同的访问权限			
结论、整改建议					

技术负责人: 检查人员: 检查日期:

4.39 柴油发电机定期检查表

表 60 柴油发电机定期检查表

名称			规格型号		
天气		温度(℃)		湿度(%)	
单位工程	检查部位	检查标准			检查结果
备用电系统	柴油机	机油油位应正常,机油滤清器完好,不阻塞,油质良好			
		油水分离器、空气滤清器完好			
		气缸盖无变形,气缸垫密封良好			
		正时齿轮磨损、活塞磨损在规定范围内			
		盘车时无卡阻,额定转速时声音正常			
		油温指示表、油压力表指示正常			
		水箱无渗漏水情况,防冻液正常添加			
		表面清洁无锈蚀情况			
	发电机	发电机绝缘良好			
		接线桩头紧固			
		碳刷磨损在合理范围内			
		盘车时无碰擦声响			
	启动蓄电池	蓄电池外表无变形、破损,桩头紧固无氧化			
		蓄电池电压在规定范围内,容量符合要求			
	操作箱	仪表指示准确,信号灯无损坏、松动,指示正确			
		断路器分、合可靠,无电磁噪声,接线桩头紧固			
	其他	排风扇紧固,运转正常			
		柴油机消音器完好,工作正常			
		充电机正常运作			
		编号、标识、标牌齐全、规范			
		排风口和烟道通畅			
结论、整改建议					

技术负责人: 　　　　检查人员: 　　　　检查日期:

4.40 清污机定期检查表

表 61 清污机定期检查表

名称			规格型号		
天气		温度(℃)		湿度(%)	
单位工程	检查部位	检查标准			检查结果
金结系统	拦污栅	栅条焊缝完整,焊接牢固,无脱落			
		拦污栅安装牢固,固定可靠,边框无变形、损坏			
		栅槽、栅条无锈蚀、变形、损坏			
	护栏	安装牢固、可靠			
		外观无锈蚀,油漆完整、无脱落			
		警示标识布置位置醒目、齐全、清晰			
	控制柜	标识、标牌、编号规范、齐全			
		柜体密封完好、外观清洁、接地良好			
		柜内清洁、无积尘,电缆引线孔洞封堵完好			
		指示灯、按钮、仪表等设备齐全、完整,显示与实际工况相符			
		各电气连接部位紧固、无松动、无发热现象			
		接触器、继电器运行声音正常			
	清污机本体	机体清洁,无污物堆积			
		机体安装牢固,接地牢固、可靠,接地色标规范			
		设备整体完整,无变形、无损坏			
		设备无锈蚀,油漆完整、无脱落			
		传动机构润滑良好,运行无碰撞、卡阻			
		转动部位润滑良好、控制可靠、运转灵活			
		线缆布置合理、规范,电机绝缘符合要求,运转无异响			
		设备标识齐全,编号完整			
		减速器观察孔应保持清洁、油量充足、油位正常、油质合格			
结论、整改建议					

技术负责人：　　　　　　　检查人员：　　　　　　　检查日期：

4.41 皮带输送机定期检查表

表62 皮带输送机定期检查表

名称				规格型号		
天气		温度(℃)		湿度(%)		
单位工程	检查部位	检查标准				检查结果
金结系统	控制柜	标识、标牌、编号规范、齐全				
		柜体密封完好、外观清洁、接地良好				
		柜内清洁、无积尘,电缆引线孔洞封堵完好				
		指示灯、按钮、仪表等设备齐全、完整,显示与实际工况相符				
		各电气连接部位紧固、无松动、无发热现象				
		接触器、继电器运行声音正常				
	皮带机本体	皮带无破损、断裂				
		电机绝缘性能良好,一次回路、二次回路及导线间的绝缘电阻值均不小于0.5 MΩ,接地可靠				
		机体清洁,无污物堆积				
		机体安装牢固,接地牢固、可靠,接地色标规范				
		设备整体完整,无变形、无损坏				
		设备无锈蚀,油漆完整、无脱落				
		传动机构润滑良好,运行无碰撞、卡阻				
		转动部位润滑良好、控制可靠、运转灵活				
		线缆布置合理、规范,电机绝缘符合要求,运转无异响				
结论、整改建议						

技术负责人: 检查人员: 检查日期:

4.42　电动葫芦定期检查表

表 63　电动葫芦定期检查表

名称			规格型号		
天气		温度(℃)		湿度(%)	
单位工程	检查部位	检查标准			检查结果
金结系统	电动葫芦	控制可靠,运行平稳			
		保护设施、设备,运行可靠			
		升降限位能够保证可靠动作,起到保护作用			
		电气器件、线路完好,端子接线无松动、发热现象			
		电机绝缘性能良好,绝缘电阻值均不小于 0.5 MΩ,接地可靠			
		电动动作可靠、运行平稳			
		各操作按钮操作灵活、可靠			
		轨道保养良好、表面平整,平行度符合要求			
		车轮轴承无杂音,轴承润滑良好、无发热			
		吊梁无裂焊、变形			
		刹车制动平稳可靠,不溜钩			
		钢丝绳保养良好,无断丝、断股现象,固定牢固,润滑良好			
		吊钩固定牢固、无裂纹、磨损正常,防脱钩装置完好、无变形,动作灵活可靠			
		变速机构能够保证可靠变速			
		润滑良好,油量油质符合规定			
		防雨设施完备,能够起到保护作用			
		设备编号、标识、标牌齐全、规范			
结论、整改建议					

技术负责人:　　　　　　检查人员:　　　　　　检查日期:

4.43 拦河设施定期检查表

表 64　拦河设施定期检查表

天气		温度(℃)		湿度(%)	
分部名称		检查标准			检查结果
上游	基础	无裂缝、剥蚀、露筋、不均匀沉陷;回填土密实,无塌陷			
	浮筒	防腐措施得当,无锈蚀、裂纹、倾斜,沉浮适中,底部固定锤连接牢固			
	钢丝绳	无断丝、断股、锈蚀,油脂防护良好,长度适中			
	连接件	连接牢固,无缺失、损坏			
	警示标识	标识明显,无缺失、损坏			
下游	基础	无裂缝、剥蚀、露筋、不均匀沉陷;回填土密实,无塌陷			
	浮筒	防腐措施得当,无锈蚀、裂纹、倾斜,沉浮适中,底部固定锤连接牢固			
	钢丝绳	无断丝、断股、锈蚀,油脂防护良好,长度适中			
	连接件	连接牢固,无缺失、损坏			
	警示标识	标识明显,无缺失、损坏			
结论、整改建议					

技术负责人:　　　　　检查人员:　　　　　检查日期:

4.44 门式起重机定期检查表

表 65 门式起重机定期检查表

名称			规格型号		
天气		温度(℃)		湿度(%)	
单位工程	检查部位	检查标准			检查结果
特种设备系统	电缆绞盘	收放灵活,电缆无损坏、风化现象			
	控制箱	线路接头连接良好、无锈蚀、无氧化			
		布线合理,无漏电、短路、断路、虚连等现象			
		箱内整洁、干净			
		各种开关、保护装置清洁,触点接触良好,接头牢固、无锈蚀			
		限位装置动作准确可靠,触点无烧毛现象			
		指示仪表及避雷设施等均应按有关规定定期校验			
	遥控器	控制可靠、电池定期更换、按键控制灵活可靠			
	电动机	外观清洁,无锈蚀			
		运行无异常			
		接线盒有防潮功能,压线螺栓旋紧无松动,并确保接地牢固可靠			
		轴承内的润滑脂符合要求			
		电动机绝缘电阻不小于 0.5 MΩ			
	夹轨器	操控灵活、无卡阻			
	轨道挡板	固定牢固,无腐蚀现象			
	轨道	轨道上无杂物、无变形,夹板固定牢固;接地电阻不大于 4 Ω			
	减速器	观察孔清洁,油量充足、油位正常、油质合格			
		齿轮啮合正常,无严重磨损和锈蚀			
	联轴器	弹性圈无老化、破损,与销轴装配密实,同轴度符合规范			
		连接紧固,无松动现象,运转平稳,无张裂现象和异常声音			
	制动器	动作灵活、制动可靠,各部件无破损、裂纹、砂眼等缺陷			
		制动轮、闸瓦表面清洁,表面无油污、油漆、水分等			

表 65　门式起重机定期检查表(续)

单位工程	检查部位	检查标准	检查结果
特种设备系统	制动器	闸瓦磨损程度在规定范围内	
		闸瓦退距和电磁铁行程符合规范	
		制动带与制动轮的实际接触面积不小于总面积的75%	
		制动带与制动闸瓦贴合紧密、边缘整齐,固定铆钉头部埋入制动带厚度在1/3以上	
		主弹簧性能正常,无变形	
	轴承	无损伤、变形、裂纹、斑坑及锈蚀现象,磨损的直线度不超过标准规定值	
		转动灵活,无噪音	
	抓梁	无变形,抓齿转动灵活、准确	
	盖板	外观清洁完整,无掉漆、锈蚀现象	
	钢丝绳	涂抹防水油脂,油质良好,按规范清洗保养	
		无断丝、断股、锈蚀现象	
		在卷筒上的预绕圈数应不小于4圈	
		不得接长使用	
	其他	启闭机房室内整洁,上墙图表布置齐全、规范	
		编号、标识、标牌齐全、规范	
		消防设施配置齐全、有效	
		检验合格	
结论、整改建议			

技术负责人:　　　　　检查人员:　　　　　检查日期:

4.44 水轮发电机组定期检查表

表 66 水轮发电机组定期检查表

名称				规格型号	
天气		温度(℃)		湿度(%)	
检查部位	检查标准				检查结果
主电机	电机铭牌、设备编号、标识、标牌齐全,固定位置醒目,标识清晰				
	设备表面清洁、无锈蚀				
	各管道、闸阀等按规定涂刷明显的颜色标志				
	各连接螺栓紧固、无松动				
	各管道连接无渗漏,支架紧固、无松动				
	主电机定子绝缘电阻不应低于 $0.5\ M\Omega$,转子绝缘电阻不应低于 $0.5\ M\Omega$				
	运行中电机定子电流、电压,转子电流、电压,电机功率正常				
	绕组温度、轴承温度测量元件无损坏,测量装置显示正确,工作可靠				
	油缸油位、油色、油温等正常,无渗油现象				
	电机滑环表面光洁,无锈蚀、无积垢、无卡滞现象,碳刷安装牢固,无异常磨损,压力正常;运行中滑环与碳刷间无火花				
	空气间隙检查无异物与卡阻				
	电机冷却风机控制可靠、运转正常、无异常声响、通风良好				
	运行中电机的允许振幅不超过厂商规定值				
	运行中电机无异常声响、无异常振动				
主水泵	水泵铭牌、编号、标识、标牌齐全,固定位置醒目,标识清晰				
	水泵表面清洁、无锈蚀、无渗漏				
	各管道、闸阀等按规定涂刷明显的颜色标志				
	各连接螺栓紧固、无松动				
	安全防护设施完好				
	水泵层照明设施完好				
	各管道连接无渗漏,支架紧固、无松动				
	填料函处填料压紧程度正常,运行中漏水量正常				
	填料函处无偏磨和过热现象				
	水泵顶盖排水通畅,无积水				
	集水井水位控制及排水设施运行正常				
结论、整改建议					

技术负责人:　　　　　检查人员:　　　　　检查日期:

5 经常性检查

5.1 基本要求

5.1.1 经常性检查原则上由现场管理单位技术部门组织,单位技术负责人牵头负责,工程技术和运行管理人员参加。

5.1.2 各单位应严格按照有关技术规范要求,经常对工程开展全面细致的检查,如实做好检查记录,发现问题及时处理。

5.1.3 经常性检查的周期每月不得少于一次。

5.2 经常性检查项目

经常性检查主要检查项目包管理及保护范围、土工建筑物、混凝土建筑物、混凝土建筑物、主机组、变压器、计算机监控系统、视频监视系统、变频器、保护装置、直交流系统、励磁系统、水系统、气系统、润滑装置、起重设备、断流装置、高压系统、低压系统、清污机系统、消防系统、闸门、启闭机、电气及防雷设施及观测设施等。

5.3 经常性检查表

5.3.1 填写经常性检查表前(表67)应根据检查月份在表头标明××月份。

5.3.2 检查情况中出现异常现象应在"检查情况"中详加说明,必要时应用具体数据描述检查结果,特殊情况应单独附文、附图说明;无异常情况时写"正常"。

5.4 填表说明

5.4.1 各现场管理单位可根据泵站实际情况对检查项目进行增减。

5.4.2 检查表必须用黑色签字笔填写,字体端正,字迹清晰,不得乱涂乱画,不得有损毁。

5.4.3 技术负责人、检查人员应在表单底部签名,签名应手签,不得简称及代签,字迹应工整。

表 67 ＿＿＿月份经常性检查记录

检查项目		检查标准	检查情况
管理及保护范围	管理及保护范围	无违章建筑,无危害工程安全的活动,环境整洁、美观	
	标识标牌	完整清晰,无损坏	
	交通桥	桥面无破损,栏杆无破损,无不均匀沉降	
	界桩、界牌	无损坏,整洁	
土工建筑物	堤防背水坡	无雨淋沟,无塌陷,无裂缝,无渗漏,无滑坡,无蚁害、兽害	
	堤顶	堤顶硬化道路平整,无破损、裂缝等缺陷;行道树或绿植无枯死、倾倒等	
	堤防迎水坡	无雨淋沟,无塌陷,无裂缝,无渗漏,无滑坡,无蚁害、兽害	
	堤站(闸)连接段	无渗漏	
混凝土建筑物	站(闸)墩	无裂缝、无碳化、无剥蚀、无碳化、无露筋	
	边墩	无倾斜、无裂缝、无塌滑、无碳化、无剥蚀、无露筋	
	排架	无裂缝、无碳化、无剥蚀、无露筋	
	翼墙	无倾斜、无裂缝、无塌滑、无碳化、无剥蚀、无露筋	
	排水设施	无堵塞、无损坏	
	消能设施	无裂缝、无冲刷、无磨损、无淘刷、无淤积、无杂物堆积,便于检查	
	伸缩缝止水	无破损、无漏水,填充物无流失	
主机组	温、湿度测量装置	轴瓦温度正常,温度测量装置可靠	
		前轴承温度正常,后轴承温度正常,温度测量装置稳定	
		定子绕组温度正常,转子绕组温度正常	
		环境湿度正常	
	润滑装置	上、下油缸油位正常、油色正常、无渗油、轴承润滑良好	
		前端轴承油脂正常、后端轴承油脂正常、轴承润滑良好	
	定、转子	定、转子绝缘正常	
	滑环、碳刷	滑环无锈蚀,滑环、碳刷磨损正常,无噪音	
	叶片调节机构	控制可靠、工作正常	
	顶车装置	工作可靠	
	振动摆度监测	无异常声响、振动正常、摆度正常	
	冷却系统	冷却水损耗正常、温度正常、填料函漏水量正常	

（续表）

检查项目		检查标准	检查情况
水轮发电机组	温、湿度测量装置	绕组、轴承温度正常,温度测量装置可靠	
		环境湿度正常	
	润滑装置	油缸油位、油色、油温等正常,无渗油现象	
	定、转子	定、转子绝缘正常	
	填料函	填料函处填料压紧程度正常,运行中漏水量正常,无偏磨和过热现象	
	叶片调节机构	控制可靠、工作正常	
	管道闸阀	涂色标准,无渗漏,支架紧固、无松动	
	振动摆度监测	运行中无异常声响,振动正常,摆度正常	
	冷却系统	电机冷却风机控制可靠,运转正常,无异常声响,通风良好	
变压器	瓦斯继电器	继电器、集气盒无气体、未动作、无渗油	
	压力释放阀	工作正常、未动作、无渗油	
	中性点避雷器	避雷器未动作	
	温度测量装置	温度保护整定正确,装置可靠	
	套管	套管未龟裂,接地可靠,二次线整齐	
	本体	无严重油污、无放电痕迹、无其他异常现象	
	呼吸器	油位正常、吸附剂干燥、未变色、本体无渗油、无异常声	
	散热装置	通风良好、散热正常	
	中性点接地装置	桩头无松动、套管无龟裂、接地可靠。	
	电磁锁(干式变)	工作正常	
	接地	接地牢固可靠,接地电阻正常	
计算机监控系统	计算机及网络	运行正常、参数正常、数据显示正常、无告警显示	
	现地LCU柜	运行正常,开关、信号灯、指示灯指示正确,触摸屏的数据显示刷新正常	
	自动化元件	执行元件、信号器、传感器等工作可靠	
	安全监视功能	满足设计要求,无告警显示	
视频监视系统	监视计算机	工作正常,图像清晰、无干扰,远程查询、浏览便捷	
	硬盘录像机	录像功能完好,远程可实时浏览,录像可查询下载	
	摄像机	摄像机镜头无脏污,活动摄像机控制调节灵活、可靠	

检查项目		检查标准	检查情况
变频器	环境	湿度不超过 80%,温度应在 0～40℃,显示正常	
	散热装置	空气滤清器无脏污,风机运行无异常	
	现地显示屏	无异常报警,参数显示正常	
	电路元件	电容器、电阻、电抗器、功率元件等无变色、变形、漏液现象,无异味,运行中无异响	
保护装置	保护压板	接线牢固、接触良好	
	参数设置	整定参数正确	
	通信	正常,电量/非电量采集数据正确	
	显示屏	无异常报警输出	
直交流系统	运行环境	温度应在 5～35℃,通风、照明正常	
	直流系统	无报警,控制母线电压保持在 220 V±2%,直流系统对地绝缘良好,充电装置工作正常,蓄电池电压正常	
	逆变电源装置	输出电压稳定、工作正常	
励磁系统	励磁装置	仪表、指示灯指示正常,显示屏无异常报警,调节器切换可靠,通信正常,柜内无异常气味、无异常声响	
	励磁变压器	测温装置正常,柜内无异常气味、无异常声响,通风散热装置工作正常,运行时温升正常、声音正常	
水系统	技术供水系统	通信正常、控制可靠,管道阀件无渗漏,流量正常,压力符合要求,无异常振动,无异常声响,运行稳定、可靠	
	排水系统	通信正常、控制可靠,管道阀件无渗漏,流量正常,无异常振动,无异常声响,运行稳定、可靠	
气系统	空压机	压力指示正常、保养措施得当、无异常声响、无振动,风冷系统运行稳定、润滑油位正常、油温正常	
润滑装置	稀油站	装置无渗漏,设备控制可靠,油色、油位正常,冷却水流量、压力正常,系统压力、输出压力正常,无异常噪音	
起重设备	行车	定期检测,行程开关可靠,转动部位润滑良好,设备无渗漏油,油位正常、操作灵活、控制可靠、制动良好	
	门机	定期检测,行程开关可靠,转动部位润滑良好,设备无渗漏油,油位正常、操作灵活、控制可靠、制动良好	
断流装置	真空破坏阀	密封完好,控制可靠,试验装置灵活,电磁机构动作灵活,气系统无漏气	

（续表）

检查项目		检查标准	检查情况
高压系统	GIS	通风设施完好,室内无异味,套管无放电痕迹,接头连接无松动,操作机构动作灵活,表计压力指示正常,无泄漏,机械、电气闭锁正常、可靠,绝缘垫配置齐全、完好	
	高压开关柜	通风设施完好,室内无异味,开关位置指示、信号灯、指示灯指示正确,仪表指示准确,接线规范、紧固,无发热、变色现象,柜体表面清洁,操作机构动作灵活,行程开关接点准确,机械、电气闭锁正常、可靠,绝缘垫配置齐全、完好	
低压系统	低压开关柜	开关、信号灯、指示灯指示正确,仪表指示准确,接线规范、紧固,无发热、变色现象,继电器、接触器动作可靠,运行无异常声响	
清污机系统	控制柜	开关、信号灯、指示灯指示正确,仪表指示准确,接线规范、紧固,无发热、变色现象,继电器、接触器动作可靠	
	清污机	齿耙无弯曲,传动机构运转平稳,电机减速箱等无过热、异常声响、振动,无跑偏现象,剪断销无损坏,机架无变形,链条磨损正常	
	皮带机	皮带运转灵活,无破损,无跑偏、打滑现象;电机无异常声响,机架无变形	
消防系统	管理条件	消火栓完好,消防安全出口、疏散通道畅通,防火门、防火卷帘等完好、开关灵活,消防安全标志完好,疏散指示标志完好,应急照明完好,灭火器配置合理、摆放位置固定、压力符合要求,防排烟系统工作可靠,风量风压符合要求	
	消防控制系统	信号灯、指示灯指示正确,仪表指示准确,接线规范、紧固,无发热、变色现象,火灾自动报警、喷水灭火系统工作正常,无异常报警信息	
	消防供水系统	信号灯、指示灯指示正确,仪表指示准确,接线规范、紧固,无发热、变色现象,接触器动作可靠,运行无异常振动或声响,工作正常	
闸门	门体	启闭灵活,无变形,无裂纹,无脱焊,无锈蚀,螺栓、铆钉紧固	
	吊耳	无破损、无裂纹、无锈蚀、牢固	
	门槽	无卡堵、无气蚀	
	止水	无反向、无卷曲、无脱落、无凹陷、无撕裂、无渗漏	
	行走支撑	运转灵活、无锈蚀、无弯曲	
	开度指示器	清晰、准确	
	冰冻防护	在冰冻期间因地制宜地对闸门采取有效的防冰冻措施	
启闭机	启闭机房	照明正常、无破损	
	防护罩	表面清洁、无锈蚀、无破损	

检查项目		检查标准	检查情况
启闭机	机体表面	表面清洁、无破损、无锈蚀	
	传动装置	润滑良好、运转灵活,无异常声响	
	零部件	无缺损、无裂纹、无磨损	
	制动装置	制动可靠	
	连接件	连接紧固、润滑正常	
	A. 卷扬式:	钢丝绳无断丝、润滑良好,无锈蚀、无变形、接头牢固、启闭灵活	
	B. 液压式:	管路敷设安装牢固,进、回油管色标清晰,油色、油位符合要求,油压正常,油路畅通,无渗油、漏油,启闭灵活、可靠	
电气及防雷设施	供电系统	线路正常,能正常使用,配电柜内外清洁、干燥,强弱电管线区分明确,无异常声响	
	备用发电机组	能正常运行,储油量充足,供油管路通畅、无渗漏,设备清洁,线路畅通	
	防雷设施	避雷带无锈蚀,接地符合规定,高压避雷器表面无损坏、无放电现象	
观测设施	水尺	规范、无损坏、无污损,观测正常	
	扬压力	规范、无损坏、无堵塞,观测正常	
	垂直位移观测点	规范、无损坏,观测正常	
	水平位移观测点	规范、无损坏,观测正常。	
	流量计、雨量计、水位计	规范、无损坏,观测正常	

检查情况综述:

技术负责人:　　　　　　检查人员:　　　　　　检查日期:

6 特别检查

6.1 强烈地震检查

6.1.1 基本要求

（1）地震又称地动、地振动，是地壳快速释放能量过程中造成的振动，其间会产生地震波的一种自然现象。

（2）特别检查（强烈地震）是在发生地震情况时开展，目的是检查地震后设备设施问题，明确安全风险点。

（3）特别检查应在发生特殊情况后按照检查内容开展检查。

6.1.2 特别检查（强烈地震）项目（表68）

（1）本表中"雨情"主要用于填写工程所在地的降雨情况，按照降水量的大小分类：划分为小雨、中雨、大雨、暴雨、大暴雨和特大暴雨 6 个等级。小雨：0.1～9.9 mm/d；中雨：10～24.9 mm/d；大雨：25～49.9 mm/d；暴雨：50～99.9 mm/d；大暴雨：100～200 mm/d；特大暴雨：大于 200 mm/d。可通过工程所在地的降雨量情况据实填写。

（2）本表中"地震信息"应填写地震时间、震源、裂度等信息。可通过工程所在地的地震情况据实填写。

（3）本表中"开机台数"主要填写工程机组开机实际台数，"开机流量"则根据调水流量情况填写，单位 m³/s。

（4）本表中"上游水位"与"下游水位"主要填写上位机上下游水位数据，单位 m。

（5）本表中"检查结果"项目主要用于记录地震情况下泵站设施设备情况，"检查结果"填写要详细，如符合检查标准，则填写"正常"；如存在问题，则写明具体问题情况。

（6）"存在问题及原因分析"应针对存在问题采取定性结合定量的方式进行描述，特殊情况应附文、附图说明。

（7）"维修方案及计划"应针对地震情况下泵站设施设备存在问题制定专项维修方案与实施计划。

（8）"检查照片"应留存地震时设施设备现场问题的影像图片。

6.1.3 填表说明

单位负责人、技术负责人、检查人员应在表单底部签名，签名应手签，不得简称及代签，字迹应工整。

表 68　强烈地震检查记录

地震信息		上游水位		m	下游水位		m
雨　情		开机台数			开机流量		m³/s
序号	检　查　内　容				检　查　结　果		
1	土工建筑物有无塌陷、裂缝、渗漏、滑坡;导渗及减压设施有无损坏、堵塞、失效;堤闸连接段有无渗漏等						
2	墩、墙有无倾斜、滑动、勾缝脱落;混凝土建筑物有无裂缝、露筋等情况;伸缩缝止水有无损坏、漏水及填充物流失等情况						
3	泵站主、副厂房是否完整,是否有沉陷、位移;泵房基础有无异常变形、不均匀沉陷;泵房墙体是否完整,有无裂缝、破损;伸缩缝有无损坏						
4	启闭机械运转是否灵活,制动是否可靠,有无异常声响;钢丝绳有无影响安全的断丝、接头不牢、变形;液压启闭机油缸是否渗油,工作是否可靠,零部件有无损坏						
5	架空线路的导线接头是否牢固,杆塔是否有倾斜、裂缝现象,绝缘子表面有无损伤情况;拉线、扳桩和线路周围有无障碍物,线路通道是否安全						
6	油泵、水泵、空压机(真空破坏阀)等辅机系统运行是否可靠;管道和阀件密封是否完好,有无渗漏						
7	变电所保护围墙(围栏)等有无倒塌、损坏;变压器瓷套管有无破损裂纹、放电痕迹;运行声响有无异常;温度、温升是否正常;电缆、母线有无异常情况;避雷接地是否完好;高低压开关柜是否完好						
8	主电机、冷却系统及断流装置运行是否可靠;接线盒内接线螺栓有无松动;励磁系统、保护装置工作是否可靠;上下油缸以及稀油水导轴承密封是否完好						
9	垂直位移、水平位移、伸缩缝等安全监测设施是否完好,工程有无明显异常沉陷、偏移、变化、冲淤等现象						
10	测压管是否堵塞,流量测验设施、雨量计、水位计、传感器等设备是否完好						
存在问题及原因分析							
维修方案及计划							
检查照片	照片 1			照片 2			

技术负责人:　　　　　　检查人员:　　　　　　检查日期:

6.2 超异常自然灾害检查

6.2.1 基本要求

（1）台风是赤道以北，日界线以西，亚洲太平洋国家或地区对热带气旋的一个分级；24 h降水量为 50 mm 或以上的强降雨称为暴雨。

（2）特别检查（超异常自然灾害）是在发生台风及特大暴雨时开展，目的是检查暴雨后设备设施问题，明确安全风险点。

（3）特别检查应在发生特殊情况后按照检查内容开展检查。

6.2.2 特别检查（超异常自然灾害）项目（表69）

（1）本表中"雨情"主要用于填写工程所在地的降雨情况，按照降水量的大小分类：划分为小雨、中雨、大雨、暴雨、大暴雨和特大暴雨 6 个等级。小雨：0.1～9.9 mm/d；中雨：10～24.9 mm/d；大雨：25～49.9 mm/d；暴雨：50～99.9 mm/d；大暴雨：100～200 mm/d；特大暴雨：大于 200 mm/d。可通过工程所在地的降雨量情况据实填写。

（2）本表中"开机台数"主要填写工程机组开机实际台数，"开机流量"则根据调水流量情况填写，单位 m^3/s。

（3）本表中"上游水位"与"下游水位"主要填写上位机上下游水位数据，单位 m。

（4）本表中"台风信息"主要用于填写台风名称、级数、风速以及移动路径情况。

（5）本表中"检查结果"项目主要用于记录台风及特大暴雨情况下泵站设施设备情况，"检查结果"填写要详细，如符合检查标准，则填写"正常"；如存在问题，则写明具体问题情况。

（6）"存在问题及原因分析"应针对存在问题采取定性结合定量的方式进行描述，特殊情况应附文、附图说明。

（7）"维修方案及计划"应针对台风及特大暴雨情况下泵站设施设备存在问题制定专项维修方案与实施计划。

（8）"检查照片"应留存台风及特大暴雨时设施设备现场问题的影像图片。

6.2.3 填表说明

单位负责人、技术负责人、检查人员应在表单底部签名，签名应手签，不得简称及代签，字迹应工整。

表69 超异常自然灾害检查记录

雨　情		上游水位		m	下游水位		m
台风信息		开机台数			开机流量		m³/s
序号	检 查 内 容				检 查 结 果		
1	上下游禁区标志,挡船缆道、警示标牌或信号是否完好						
2	土工建筑物有无渗漏、滑坡;导渗及减压设施有无损坏、堵塞、失效;堤闸连接段有无渗漏等现象						
3	河道边坡是否因暴雨冲刷出现雨淋沟,绿化植被是否出现大面积倒落、死亡现象;河床有无冲刷、淤积						
4	混凝土建筑物及护坡有无塌陷、松动、隆起;排水设施有无堵塞、损坏等现象						
5	建筑物门窗是否出现碎裂、损坏现象						
6	架空线路的导线、避雷线、避雷针有无损伤,导线接头是否牢固,绝缘子表面有无损伤情况						
存在问题及原因分析							
维修方案及计划							
检查照片							

技术负责人:　　　　　　检查人员:　　　　　　检查日期:

6.3 超标准应用检查

6.3.1 基本要求

（1）超标准行洪是指因台风暴雨导致的水位急剧上涨，需要超标准进行泄洪和分流。

（2）特别检查（超标准应用）是在超标准行洪后，目的是检查行洪后设备设施问题，明确安全风险点。

（3）特别检查应在发生特殊情况后按照检查内容开展检查。

6.3.2 特别检查（超标准应用）项目（表70）

（1）本表中"雨情"主要用于填写工程所在地的降雨情况，按照降水量的大小分类：划分为小雨、中雨、大雨、暴雨、大暴雨和特大暴雨 6 个等级。小雨：$0.1 \sim 9.9$ mm/d；中雨：$10 \sim 24.9$ mm/d；大雨：$25 \sim 49.9$ mm/d；暴雨：$50 \sim 99.9$ mm/d；大暴雨：$100 \sim 200$ mm/d；特大暴雨：大于 200 mm/d。可通过工程所在地的降雨量情况据实填写。

（2）本表中"开机台数"主要填写工程机组开机实际台数，"开机流量"则根据调水流量情况填写，单位 m^3/s。

（3）本表中"上游水位"与"下游水位"主要填写上位机上下游水位数据，单位 m。

（4）本表中"超标准信息"主要用于填写超标准应用时降雨量情况以及超标准行洪量。

（5）本表中"检查结果"项目主要用于记录超标准应用后泵站设施设备情况，"检查结果"填写要详细，如符合检查标准，则填写"正常"；如存在问题，则写明具体问题情况。

（6）"存在问题及原因分析"应针对存在问题采取定性结合定量的方式进行描述，特殊情况应附文、附图说明。

（7）"维修方案及计划"应针对台风及特大暴雨情况下泵站设施设备存在问题制定专项维修方案与实施计划。

（8）"检查照片"应留存台风及特大暴雨时设施设备现场问题的影像图片。

6.3.3 填表说明

单位负责人、技术负责人、检查人员应在表单底部签名，签名应手签，不得简称及代签，字迹应工整。

表 70 超标准应用检查记录

雨　情		上游水位		m	下游水位		m
超标准信息		开机台数			开机流量		m³/s

序号	检 查 内 容	检 查 结 果
1	上下游禁区标志,挡船缆道、警示标牌或警示信号是否完好	
2	土工建筑物有无塌陷、裂缝、渗漏、滑坡;导渗及减压设施有无损坏、堵塞、失效;堤闸连接段有无渗漏等;上下游引河有无冲刷、淤积,河道坡面是否出现水土流失	
3	混凝土建筑物及护坡有无塌陷、松动、隆起、底部淘空、垫层散失;墩、墙有无倾斜、滑动、勾缝脱落	
4	挡水结构有无渗水窨潮,伸缩缝止水有无损坏、漏水及填充物流失等情况	
5	水下钢丝绳有无超过允许范围的损坏、变形,吊座有无松动变形,螺栓、铆钉有无断裂、松动、脱落	
6	闸门门体有无影响安全的变形、焊缝开裂或螺栓、铆钉松动;支承行走机构运转是否灵活;止水装置是否完好,门槽门槛有无损坏	
7	过闸水流是否平顺,水跃是否发生在消力池内,有无折冲水流、回流、漩涡等不良流态	
8	上下游水尺有无损坏,流量测验设施、雨量计、水位计、传感器等设备是否完好,水情测报系统工作是否正常	
存在问题及原因分析		
维修方案及计划		
检查照片		

技术负责人:　　　　　　检查人员:　　　　　　检查日期:

6.4　重大工程事故检查

6.4.1　基本要求

（1）重大工程事故是指由于自然灾害等不可避免的因素或者人员管理原因造成的 10 人以上 30 人以下死亡，或者 50 人以上 100 人以下重伤，或者 5 000 万元以上 1 亿元以下直接经济损失的事故。

（2）特别检查（重大工程事故）是在发生重大事故后，目的是弄清事故后人员伤亡情况、设备设施损失情况以及事故应急调查处理情况。

（3）特别检查应在发生特殊情况后按照检查内容开展检查。

6.4.2　特别检查（重大工程事故）项目（表71）

（1）本表中"雨情"主要用于填写工程所在地的降雨情况，按照降水量的大小分类：划分为小雨、中雨、大雨、暴雨、大暴雨和特大暴雨 6 个等级。小雨：0.1～9.9 mm/d；中雨：10～24.9 mm/d；大雨：25～49.9 mm/d；暴雨：50～99.9 mm/d；大暴雨：100～200 mm/d；特大暴雨：大于 200 mm/d。可通过工程所在地的降雨量情况据实填写。

（2）本表中"开机台数"主要填写工程机组开机实际台数，"开机流量"则根据调水流量情况填写，单位 m^3/s。

（3）本表中"上游水位"与"下游水位"主要填写上位机上下游水位数据，单位 m。

（4）本表中"事故发生部位"主要用于填写重大工程事故发生的部位；"人员伤亡情况"主要用于记录发生重大事故时人员死伤情况。

（5）本表中"检查结果"项目主要用于记录事故发生后泵站设施设备情况，"检查结果"填写要详细，如符合检查标准，则填写"正常"；如存在问题，则写明具体问题情况。

（6）"事故情况及原因分析"应针对存在问题采取定性结合定量的方式进行描述，特殊情况应附文、附图说明。

（7）"事故应急处理方案"应针对重大工程事故发生后泵站设施设备存在问题制定专项维修方案与实施计划。

（8）"检查照片"应留存重大工程事故发生前后设施设备现场问题的影像图片。

6.4.3　填表说明

（1）特别检查记录必须用黑色签字笔填写，字体端正，字迹清晰，不得乱涂乱画，不得有损毁。

（2）单位负责人、技术负责人、检查人员应在表单底部签名，签名应手签，不得简称及代签，字迹应工整。

表71　重大工程事故检查记录

雨　情		上游水位		m	下游水位	m
开机台数			开机流量			m³/s
事故发生部位			人员伤亡情况			
序号	检查内容			检查结果		
1	土工建筑物有无塌陷、裂缝、渗漏、滑坡;导渗及减压设施有无损坏、堵塞、失效;堤闸连接段有无渗漏等					
2	墩、墙有无倾斜、滑动、勾缝脱落;混凝土建筑物有无裂缝、露筋等情况;伸缩缝止水有无损坏、漏水及填充物流失等情况					
3	泵站主、副厂房是否完整,是否有沉陷、位移;泵房基础有无异常变形、不均匀沉陷;泵房墙体是否完整,有无裂缝、破损;伸缩缝有无损坏					
4	启闭机械运转是否灵活、制动是否可靠、有无异常声响;钢丝绳有无影响安全的断丝、接头不牢、变形;液压启闭机油缸是否渗油,工作是否可靠,零部件有无损坏					
5	架空线路的导线接头是否牢固,杆塔是否有倾斜、裂缝现象,绝缘子表面有无损伤情况,拉线、扳桩和线路周围有无障碍物,线路通道是否安全					
6	油泵、水泵、空压机(真空破坏阀)等辅机系统运行是否可靠;管道和阀件密封是否完好,有无渗漏					
7	变电所保护围墙(围栏)等有无倒塌、损坏;变压器瓷套管有无破损裂纹、放电痕迹;运行声响有无异常;温度、温升是否正常;电缆、母线有无异常情况;避雷接地是否完好;高低压开关柜是否完好					
8	主电机、冷却系统及断流装置运行是否可靠;接线盒内接线螺栓有无松动;励磁系统、保护装置工作是否可靠;上下油缸以及稀油水导轴承密封是否完好					
事故情况及原因分析						
事故应急处理方案						
检查照片						

技术负责人:　　　　　　检查人员:　　　　　　检查日期:

7 水下检查

7.1 工程水下检查

7.1.1 基本要求

（1）现场管理单位组织泵站工程水下检查，则需明确进行水下检查的原因，突出检查缘由。

（2）泵站工程水下检查主要检查上游：铺盖、闸墩、翼墙、底板、伸缩缝、检修门槽、门前、防冲槽等；下游：护坦、消力池、消力槛、底板、滚水堰、闸墩、翼墙、门槽、门底、伸缩缝、防冲槽、护底、拦污栅等部位；主泵进及出水流道：底板、墩墙、导水墩、预埋件、出水流道等。

7.1.2 泵站工程水下检查项目（表72）

（1）本表中"检查情况及存在问题"项目主要用于记录泵站工程水下检查情况，如符合检查标准，则填写"正常"；如存在问题，则写明具体问题情况。

（2）本表中"检查目的"应根据相关规程、规范、机组运行情况说明进行机组水下部分检查的具体目的。"对今后工程管理的建议"主要根据检查存在问题，提出优化工程管理、提升泵站工程质量的可行性措施。

（3）"建筑物工作状态及水文、气候情况""作业时间"及"作业人员"主要填写泵站工程水下检查的水下环境、作业时间与参与人员情况。

（4）"存在问题"主要填写泵站工程检查中发现的一系列问题，"原因分析"应根据日常管理进行分析判断，"建议措施"提出整改建议，明确整改方案与时限。

（5）水下检查完成后应附检查全过程的照片。

7.1.3 填表说明

水下检查记录填写完成后，单位负责人、技术负责人应在表单底部签名，签名应手签，不得简称及代签，字迹应工整。

表72　泵站工程水下检查记录

检查部位		检查要求	检查情况及存在问题
上游	铺盖、闸墩、翼墙、底板	检查混凝土有无裂缝、异常磨损、剥落、露筋等,水平面上有无淤积、杂物,如有杂物应清除	
	伸缩缝	检查缝口有无破损、填料有无流失,水平、垂直止水有无损坏	
	检修门槽、门前	检查有无块石、树根等杂物,杂物应清除	
	防冲槽	检查块石有无松动、塌陷	
下游	护坦、消力池、消力槛、底板、滚水堰、闸墩、翼墙	检查混凝土有无裂缝、异常磨损、剥落、露筋等,消力池内有无块石,如有块石应清除	
	门槽、门底	检查预埋件损坏情况	
	伸缩缝	检查缝口有无破损、填料有无流失	
	防冲槽、护底	检查块石有无松动、塌陷	
	拦污栅	检查有无变形、损坏,栅前淤积、杂物情况	
主泵进及出水流道	底板	检查混凝土有无裂缝、异常磨损、剥落、漏筋等,水平面上有无淤积、杂物,如有杂物应清除	
	墩墙	检查混凝土有无裂缝、异常磨损、剥落、漏筋等	
	导水墩	检查混凝土有无裂缝、异常磨损、剥落、漏筋等	
	预埋件	检查预埋件损坏情况	
	出水流道	检查混凝土有无裂缝、异常磨损、剥落、漏筋等	
检查目的			

表 72 泵站工程水下检查记录（续）

对今后工程管理的建议						
建筑物工作状态及水文、气候情况	上游水位		下游水位		气温	
	风向		风级		水温	
作业时间	上游		下游		累计	
作业人员	信号员		记录员		潜水员	
	潜水班负责人		其他有关人员			
存在问题						
原因分析						
建议措施						

技术负责人：　　　　　检查人员：　　　　　检查日期：

7.2 主机组水下检查

7.2.1 基本要求

（1）如现场管理单位组织泵站主机组工程水下检查，则需明确进行水下检查的原因，突出检查缘由。

（2）泵站主机组水下检查主要检查流道结构完好性；叶轮、叶轮帽、导叶体部件、泵体内壁完好性及导轴承固定情况，测量叶片、导轴承间隙；泵内部件汽蚀情况；泵轴轴颈磨损情况；工作门、小拍门、事故门完好性及启闭动作灵活性、可靠性等。

（3）机组叶轮间隙与水导轴承间隙是否满足运行管理需要应查看工程验收档案资料与《南水北调泵站工程管理规程》(NSBD 16—2012)。

7.2.2 泵站主机组水下检查项目

（1）本表中叶轮帽"部件完好性"与"是否松动"应按水下检查实际情况填写；叶片间隙应填写塞尺实测数据；叶片变形损坏气蚀情况应填写"正常"或实际气蚀情况。"叶轮头"检查情况及存在问题填写叶轮帽与叶片具体情况。本表中"叶轮室"气蚀情况应填写表面光滑，如有气蚀应标明面积、深度等，同时附气蚀照片。

（2）本表中水导轴承完好性应填写"固定牢固可靠，无变形或者损坏"。水导轴承间隙按实际塞尺检查情况填写，并与检查标准对比。导轴承检查情况应填写"联接紧固，无松动、脱落、磨损。"

（3）流道"结构完好性；过流面；管坡、管床、镇墩、支墩机构完整性"应填写无明显错位、裂缝、缺损、渗漏等缺陷；过流面光滑，蚀坑较少；无明显裂缝及不均匀沉陷。同时附检查照片。

（4）"工作门、事故门结构完好性"应该填写无变形，无异常磨损或实际磨损情况。

（5）"存在问题"主要填写泵站主机组检查中发现的一系列问题，"原因分析"应根据日常管理进行分析判断，"建议措施"提出整改建议，明确整改方案与时限。

（6）"作业人员"处应由检查人与记录人署名。

（7）水下检查完成后应附检查全过程的照片。

7.2.3 填表说明

（1）现场管理单位应根据泵站实际情况对检查项目进行增减，无此项检查可不填写。

（2）水下检查记录填写完成后，单位负责人、技术负责人应在表单底部签名，签名应手签，不得简称及代签，字迹应工整。

表 73 卧式机组水下检查记录

工程名称：　　　　　　　　机组名称：　　　　　　　　时间：

序号	检查部位	检查内容			数据或结果			
1	检修门	止水情况						
		门槽底坎						
2	叶轮帽	锈蚀情况						
		是否松动						
3	叶轮	叶轮室位置			上	下	左	右
		间隙（mm）	1#叶片	前				
				中				
				后				
			2#叶片	前				
				中				
				后				
			3#叶片	前				
				中				
				后				
		变形损坏气蚀情况	1#叶片					
			2#叶片					
			3#叶片					
4	叶轮室	气蚀情况						
5	进水流道	气蚀情况						

表 73　卧式机组水下检查记录(续)

6	导叶体	锈蚀情况	
7	泵体内壁	锈蚀情况	
8	电机外壳	锈蚀情况	
9	出水流道	气蚀情况	
10	工作门	锈蚀情况	
		止水情况	
		门槽底坎	
11	小拍门	锈蚀情况	
12	事故门	锈蚀情况	
		止水情况	
		门槽底坎	
13	散热器	锈蚀情况	
存在问题			
原因分析			
建议措施			
作业人员			

单位负责人：　　　　　　　　　　　技术负责人：

表 74 立式机组水下检查记录

工程名称：　　　　　　　机组名称：　　　　　　　时间：

序号	检查部位	检查内容			数据或结果			
1	叶轮帽	部件完好性						
		是否松动						
2	叶轮	叶轮室位置			东	西	南	北
		间隙(mm)	1#叶片	上				
				中				
				下				
			2#叶片	上				
				中				
				下				
			3#叶片	上				
				中				
				下				
		变形损坏汽蚀情况	1#叶片					
			2#叶片					
			3#叶片					
		叶轮头	联接紧固,无松动、脱落、磨损					
3	叶轮室	气蚀情况						
4	水导轴承	完好性						
		间隙(mm)	东					
			西					
			南					
			北					
		导轴承	联接紧固,无松动、脱落、磨损					
5	流道	结构完好性;过流面;管坡、管床、镇墩、支墩机构完整性						

表 74　立式机组水下检查记录(续)

6	导 叶 体	结构完整性,锈蚀、气蚀情况	
7	上导水锥	联接紧固,无松动、脱落、磨损	
8	检修进人孔	联接紧固,无松动、脱落、磨损	
9	泵体内壁	内壁完好性、锈蚀情况	
10	水泵大轴	变形、磨损、锈蚀情况	
11	小拍门	锈蚀、止水情况	
		完整性、灵活性	
12	工作门、事故门结构完好性	锈蚀情况	
		止水情况	
		结构完好性	
		启闭灵活,工作可靠	
	存在问题		
	原因分析		
	建议措施		
	作业人员		

单位负责人:　　　　　　　　　　技术负责人:

8 等级评定

8.1 基本要求

（1）本节中的表主要用于记录泵站各单元工程设备、建筑物等级评定及汇总的情况。

（2）本节中的表评定标准主要依据《南水北调泵站工程管理规程》（NSBD 16—2012）、《泵站技术管理规程》（GB/T 30948）等制定。

8.2 设备、建筑物评定级汇总表检查项目

（1）本节中的表中"评定等级"项目主要用于记录各单元工程设备、建筑物等级评定情况，"评定等级"需按照评定设备、建筑物划分的"一类、二类、三类、四类"进行填写等级评定情况。

（2）每年应对泵站的各类设备和金属结构进行等级评定。

评级范围应包括主机组、电气设备、辅助设备、金属结构和计算机监控系统等设备。泵站设备等级分四类，其中三类和四类设备为不完好设备。主要设备的等级评定应符合下列规定：

① 一类设备：主要参数满足设计要求，技术状态良好，能保证安全运行；

② 二类设备：主要参数基本满足设计要求，技术状态基本完好，某些部件有一般性缺陷，仍能安全运行；

③ 三类设备：主要参数达不到设计要求，技术状态较差，主要部件有严重缺陷，不能保证安全运行；

④ 四类设备：达不到三类设备标准以及主要部件符合报废或淘汰标准的设备。

（3）每1~2年应对泵站的各类建筑物进行等级评定。建筑物等级分四类，其中三类和四类建筑物为不完好建筑物。主要建筑物等级评定应符合下列规定：

① 一类建筑物：运用指标能达到设计标准，无影响正常运行的缺陷，按常规养护即可保证正常运行；

② 二类建筑物：运用指标基本达到设计标准，建筑物存在一定损坏，经维修后可达到正常运行；

③ 三类建筑物：运用指标达不到设计标准，建筑物存在严重损坏，经除险加固后才能达到正常运行；

④ 四类建筑物：运用指标无法达到设计标准，建筑物存在严重安全问题，需降低标准运用或报废重建。

8.3 填表说明

（1）各现场管理单位可根据泵站实际情况对检查项目进行增减。

（2）表75和表106分别用来记录泵站设备、建筑物评级汇总，泵站的各类设备、建筑物应定期进行等级评定，汛后开展并记录形成台账。

（3）检查人员应将设备、建筑物评级汇总表收集后集中管理，并按照档案管理规定妥善保存。

（4）表76至表110中名称、设备型号、制造厂家、安装时间等应按照设备铭牌或设备说明书实际情况填写，设备型号则按现场实际填写。

（5）单元工程设备评定项目等级填写"一类""二类""三类""四类"，评级方法参照设备等级评级说明和要求。

（6）评级结果根据表中评定的项目，统计相应数量，如"共检查___项目，其中一类___项，二类___项，三类___项，四类___项"，在表格中依次评定项目所达到的类别数量。

（7）根据设备等级评级说明和要求填写相应单元设备评定。

（8）单位负责人、技术负责人、检查人员应在表单底部签名，签名应手签，不得简称及代签，字迹应工整。

8.4 设备等级评定

8.4.1 设备等级评定汇总表

表 75　设备等级评定汇总表

编号	设备名称	规格型号	评定等级
1	主水泵		
2	主电动机		
3	主变压器		
4	站用变压器		
5	所用变压器		
6	高压开关设备		
7	110 kV GIS		
8	高压变频器		
9	低压电器		
10	励磁装置		
11	直流装置		
12	保护和自动装置		
13	液压启闭机		
14	卷扬式启闭机		
15	供水系统		
16	排水系统		
17	桥门式起重机		
18	电动葫芦		
19	清污机		
20	皮带输送机		
21	叶片调节机构		
22	柴油发电机		

表 75　设备等级评定汇总表(续)

编号	设备名称	规格型号	评定等级
23	计算机监控主机		
24	LCU 柜		
25	主机组温、湿度仪表柜		
26	机组振动监测柜		
27	测流柜		
28	视频监视系统		
29	真空破坏阀		
30	闸门、拍门		
31	水轮发电机组		

单位负责人:　　　　　　技术负责人:　　　　　　检查人员:

8.4.2 主水泵等级评定表

表76 主水泵等级评定表

设备名称		制造厂家		安装时间		
设备型号		安装地点		投运时间		
评定项目	评定内容及标准	检查结果		项目等级	备注	
		合格	不合格			
△一、水泵轴	1. 轴颈表面无锈蚀,无擦伤、碰痕					
	2. 泵轴上有明显的转向标识					
△二、联轴器	1. 联轴器表面清洁					
	2. 防护罩完好					
△三、齿轮箱	1. 齿轮箱油位、油色、油质符合要求					
	2. 高、低速轴端油封无渗漏油现象					
	3. 呼吸器干燥剂未变色、无漏油现象					
	4. 稀油站运行正常,无异常声响					
	5. 温度无异常,冷却水管道无渗漏					
△四、填料函	1. 填料函密封良好					
	2. 与水泵轴接触表面无烧伤、无过度磨损现象					
△五、密封气囊	表面无磨损、漏气现象					
△六、金属壳体	1. 表面清洁、无锈蚀					
	2. 无渗漏					
△七、水泵外壳	1. 表面清洁、无锈蚀					
	2. 无渗漏					
△八、叶轮室	1. 导叶体完好,无明显锈蚀、破损					

表 76　主水泵等级评定表（续）

评定项目	评定内容及标准	检查结果		项目等级	备注
		合格	不合格		
△八、叶轮室	2. 叶片及叶轮外壳无或少量汽蚀（中轮间隙≤2.5±0.63 mm，轮毂间隙≤15±5 mm）				
	3. 叶片无碰壳现象，间隙符合要求（各间隙与平均间隙之差不超过平均间隙±20％）				
九、进人孔	无渗漏现象				
△十、指示信号装置	1. 压力表等表计工作正常，指示准确				
	2. 表计端子及连接线紧固、可靠				
十一、技术资料	1. 图纸资料齐全				
	2. 检修资料、检修记录齐全				
	3. 试验资料齐全				
△十二、设备运行情况	在各种设计工况和负荷下正常运行，并能随时投入运作				
评级结果	共检查___项目，其中一类___项，二类___项，三类___项，四类___项				

评级说明	单元评定等级
一类：△项均满足一类标准，且其他项无三类。 二类：△项不能完全达到标准但不影响机组随时投入运行。 三类：满足不了二类或具有下列情况之一者： 　1. 故障率高，不能保证随时投入运行； 　2. 运行不正常，主要性能指标较差或大幅度下降； 　3. 过流部件气蚀、磨损、锈蚀剥落严重； 　4. 转动部件和固定部件之间间隙不满足要求，发生卡阻、碰壳等现象； 　5. 运行不稳定，振动、噪声、摆度和轴承温度等不满足规范要求； 　6. 主要零部件变形、损坏、锈蚀严重，结合面漏水严重； 　7. 存在有其他影响安全运行的重大缺陷。 四类：达到三类标准，且有下列情况之一： 　1. 经过大修、技术改造或更换元器件等技术措施仍不能满足泵站运行安全、技术、经济要求或修复不经济的； 　2. 整体技术状态差； 　3. 性能下降，维修恢复困难	

8.4.3 主电机等级评定表

表 77　主电机等级评定表

设备名称		制造厂家		安装时间	
设备型号		安装地点		投运时间	
评定项目	评定内容及标准	检查结果		项目等级	备注
		合格	不合格		
△一、碳刷、滑环	1. 碳刷完整良好(磨损量不宜超过全长三分之一),联接软线完整、无脱落				
	2. 碳刷与滑环接触良好,弹簧压力符合要求(15～25 kPa),滑环磨损均匀				
	3. 碳刷不跳动,不过热				
	4. 刷握、刷架无积垢				
	5. 滑环表面干燥清洁,无锈迹、无划痕,光洁度符合要求				
△二、转子	1. 表面清洁,绕组无变形、损伤				
	2. 磁极接头、阻尼装置、风扇、引线牢固,无裂纹与变形				
	3. 各项试验数据合格(绝缘电阻应不小于 0.5 MΩ)				
△三、导轴承	1. 表面清洁、无锈蚀				
	2. 油室无裂纹、渗漏油现象				
	3. 油室密封良好				
	4. 油量、油质符合要求				
	5. 运行温度正常,无异常声音				
	6. 测温元件良好(与实际温度相符,偏差不宜大于3℃)				
△四、推力轴承	1. 运行温度正常,无异常声音				
	2. 测温元件良好(与实际温度相符,偏差不宜大于3℃)				
	3. 油量、油质符合要求				
	4. 油室密封良好,油室无裂纹、渗漏油现象				
△五、定子	1. 本体密封良好				
	2. 各项试验数据合格(干燥后绝缘电阻应不小于1 MΩ/kW,吸收比大于或等于1.3)				
	3. 定子铁芯无明显下沉或松动				
	4. 合缝间隙接触良好				
	5. 通风沟无锈垢、无堵塞				
	6. 定子绕组端部没有变形槽楔、垫块,支持环及绑线紧固良好				

表77　主电机等级评定表(续)

评定项目	评定内容及标准	检查结果		项目等级	备注
		合格	不合格		
△五、定子	7. 空气间隙均匀、无杂物(定子与转子间上下端各间隙与平均间隙之差不超过平均间隙值的±10%)				
△六、指示信号装置	1. 电压表、电流表工作正常,指示准确				
	2. 温度计工作正常,指示准确				
	3. 表计端子及连接线紧固、可靠				
△七、风冷系统	运行正常,效果良好				
△八、运行性能	1. 运行声音正常				
	2. 振动符合要求				
九、技术资料	1. 图纸资料齐全				
	2. 检修资料、检修记录齐全				
	3. 试验资料齐全				
评级结果	共检查_____项目,其中一类_____项,二类_____项,三类_____项,四类_____项				

评级说明	单元评定等级
一类:△项均满足一类标准,且其他项无三类。 二类:△项不能完全达到标准但不影响机组随时投入运行。 三类:满足不了二类或具有下列情况之一者: 　1. 故障率高,不能保证随时投入运行; 　2. 运行不正常,主要性能指标较差或大幅度下降; 　3. 电气试验结果不符合相关国家现行标准的规定,且经常规处理仍不能满足要求; 　4. 转动部件和固定部件之间间隙不满足要求,发生卡阻现象; 　5. 运行不稳定,振动、噪声、摆度和温度等不满足要求; 　6. 主要零部件变形、损坏,定转子铁芯、线圈松动、绝缘老化严重; 　7. 存在有其他影响安全运行的重大缺陷。 四类:达到三类标准,且有下列情况之一: 　1. 经过大修、技术改造或更换元器件等技术措施仍不能满足泵站运行安全、技术、经济要求或修复不经济的; 　2. 整体技术状态差; 　3. 性能下降,维修恢复困难	

8.4.4 主变压器(油浸式变压器)等级评定表

表78 主变压器(油浸式变压器)等级评定表

设备名称		制造厂家		安装时间		
设备型号		安装地点		投运时间		
评定项目	评定内容及标准	检查结果		项目等级	备注	
		合格	不合格			
△一、变压器本体	1. 表面清洁、无渗漏油现象					
	2. 各项试验数据合格					
	3. 接地良好					
△二、变压器油	1. 油质符合要求					
	2. 试验数据合格					
△三、分接开关	1. 调节灵活可靠,机械性能良好,无接触不良或动作卡阻现象					
	2. 运行挡位正确,指示准确					
△四、油枕	1. 表面清洁、无渗漏油现象					
	2. 油位符合运行要求,指示准确					
	3. 呼吸器内干燥剂未变色					
五、高低压桩头	1. 接线牢固、示温片未熔化					
	2. 高低压套管清洁,瓷柱无裂纹、破损					
	3. 高低压相序标识清晰正确					
△六、冷却装置	散热器无锈蚀、渗漏油现象					
七、接地	接地电阻符合要求					
△八、指示信号装置	1. 温度计工作正常,指示准确					
	2. 电压表端子及连接线紧固、可靠					
	3. 电流表端子及连接线紧固、可靠					
	4. 瓦斯继电器等主要保护和信号装置部件完好动作可靠					
△九、运行性能	1. 运行无异常振动、声响					
	2. 运行温升符合设计数值或上层油温不超过85℃					
	3. 能持续达到铭牌出力					
十、其他	1. 周围环境整洁					
	2. 必要的警示牌、标志、编号齐全					

表 78　油浸式变压器(主变压器)等级评定表(续)

评定项目	评定内容及标准	检查结果		项目等级	备注
		合格	不合格		
十、其他	3. 照明设备完好				
△十一、技术资料	1. 图纸资料齐全				
	2. 检修资料、检修记录齐全				
	3. 试验资料齐全				
评级结果	共检查___项目,其中一类___项,二类___项,三类___项,四类___项				

评级说明	单元评定等级
一类:△均满足一类标准。 二类:△单元项不能完全达到标准但不影响随时投入运行。 三类:达不到二类标准且有下列情况之一: 　1. 故障率高,不能保证随时投入运行; 　2. 运行不正常,主要性能指标较差或大幅度下降; 　3. 电气试验结果不符合相关国家现行标准的规定,且经常规处理仍不能满足要求; 　4. 主要零部件损坏,绝缘件性能达不到使用要求,渗漏油严重; 　5. 保护装置动作不可靠; 　6. 冷却装置运行不正常,噪声和温升等不满足要求; 　7. 存在有其他影响安全运行的重大缺陷。 四类:达到三类标准,且有下列情况之一: 　1. 经过大修、技术改造或更换元器件等技术措施仍不能满足泵站运行安全、技术、经济要求或修复不经济的; 　2. 整体技术状态差; 　3. 性能下降,维修恢复困难	

8.4.5 干式变压器等级评定表

表79 干式变压器等级评定表

设备名称		制造厂家		安装时间		
设备型号		安装地点		投运时间		
评定项目	评定内容及标准	检查结果		项目等级	备注	
		合格	不合格			
△一、本体	1. 表面清洁					
	2. 按规定进行电气试验、电气试验结果符合规定要求					
	3. 高低压绕组表面清洁、无变形,绝缘完好,无放电痕迹,引线轴头、垫块、绑扎紧固					
	4. 接地良好					
△二、分接抽头	运行挡位正确,桩头无发热现象					
三、高低压桩头	1. 接线牢固、示温片未熔化					
	2. 高低压绝缘支柱清洁,瓷柱无裂纹、破损					
	3. 高低压相序标识清晰正确					
△四、冷却装置	1. 接线可靠,温度指示准确					
	2. 风机开停机温度设置正确					
五、接地	接地电阻符合要求					
△六、指示信号装置	1. 温度测控装置工作正常,指示准确					
	2. 电压表端子及连接线紧固、可靠					
△七、运行性能	1. 运行无异常振动、声响					
	2. 运行温升符合要求					
	3. 能持续达到铭牌出力					
△八、其他	1. 周围环境整洁					
	2. 必要的警示牌、标志、编号齐全					
	3. 照明设备完好					

表 79　干式变压器等级评定表(续)

评定项目	评定内容及标准	检查结果		项目等级	备注
		合格	不合格		
△九、技术资料	1. 图纸资料齐全				
	2. 检修资料、检修记录齐全				
	3. 试验资料齐全				
评级结果	共检查___项目,其中一类___项,二类___项,三类___项,四类___项				

评级说明	单元评定等级
一类:△均满足一类标准。 二类:△单元项不能完全达到标准但不影响随时投入运行。 三类:达不到二类标准且有下列情况之一: 　1. 故障率高,不能保证随时投入运行; 　2. 电气试验结果不符合相关国家现行标准的规定,且经常规处理仍不能满足要求; 　3. 主要零部件损坏或属淘汰产品,绝缘件性能达不到使用要求; 　4. 保护装置动作不可靠; 　5. 操作机构不灵活,有卡阻现象; 　6. 柜体油漆脱落、部件锈蚀、变形,影响正常使用; 　7. 存在有其他影响安全运行的重大缺陷。 四类:达到三类标准,且有下列情况之一: 　1. 经过大修、技术改造或更换元器件等技术措施仍不能满足泵站运行安全、技术、经济要求或修复不经济的; 　2. 整体技术状态差; 　3. 属淘汰产品,性能下降,维修恢复困难	

注:本表适用于站用变、所用变、备用变、35 kV 干式主变等。

8.4.6 高压开关柜等级评定表

表80 高压开关柜等级评定表

设备名称		制造厂家		安装时间		
设备型号		安装地点		投运时间		
评定项目	评定内容及标准	检查结果		项目等级	备注	
		合格	不合格			
一、柜体	1. 表面清洁,柜体封闭严密、油漆完整,无变形					
	2. 柜内整洁、无积垢、无小动物痕迹,电缆进出孔封板完整					
	3. 铭牌标志清晰完整					
△二、断路器	部件完整、零件齐全、磁件无损伤、接地良好					
	绝缘良好,试验数据合格					
	操作机构灵活,无卡阻现象,闭锁、联动装置动作准确可靠					
	二次接线可靠、无松动					
△三、接地刀闸	接地刀闸机构分合闸灵活可靠,无卡阻,指示正确,接地线接头牢固					
	五防联锁机构可靠					
△四、电流互感器	表面无损伤、一二次线接线牢固、无松动,二次侧无开路现象,接地良好					
	绝缘良好,试验数据合格					
△五、电压互感器	表面无损伤、一二次线接线牢固、无松动,二次侧无开路现象,接地良好					
	绝缘良好,试验数据合格					
△五、避雷器(过电压保护器)	引线接头牢固					
	绝缘良好,试验数据合格					
	表面无破损、无裂纹、无放电痕迹					
△六、微机保护	外壳完整、封闭严密					
	继电保护单元完整齐全,动作准确、快速、灵敏、可靠					
	二次回路排列整齐、标号完整正确、绝缘良好					
	动作设定值符合设计要求、电气特性符合规程要求					
	试验数据合格					
△七、母排	表面清洁、无灰尘积垢、相色漆准确完好					
	示温片无熔化,运行中无震动、过热现象					
	绝缘良好,各项试验数据合格					
	支柱瓷瓶无破损、无裂纹、无放电痕迹					
	安全距离符合规程要求					

表80 高压开关柜等级评定表(续)

评定项目	评定内容及标准	检查结果		项目等级	备注
		合格	不合格		
△八、高压电缆	电缆头分相颜色和标志牌正确				
	表面清洁、无机械损伤、接地完好				
	运行中无过热现象				
	绝缘良好、试验数据合格				
	电缆固定支架完好、无锈蚀				
评级结果	共检查___项目,其中一类___项,二类___项,三类___项,四类___项				

评级说明	单元评定等级
一类:△均满足一类标准。 二类:△单元项不能完全达到标准但不影响随时投入运行。 三类:达不到二类标准且有下列情况之一: 　1. 故障率高,不能保证随时投入运行; 　2. 电气试验结果不符合相关国家现行标准的规定,且经常规处理仍不能满足要求; 　3. 主要零部件损坏或属淘汰产品,绝缘件性能达不到使用要求; 　4. 保护装置动作不可靠; 　5. 操作机构不灵活,有卡阻现象; 　6. 柜体油漆脱落、部件锈蚀、变形,影响正常使用; 　7. 存在有其他影响安全运行的重大缺陷 四类:达到三类标准,且有下列情况之一: 　1. 经过大修、技术改造或更换元器件等技术措施仍不能满足泵站运行安全、技术、经济要求或修复不经济的; 　2. 整体技术状态差; 　3. 属淘汰产品,性能下降,维修恢复困难	

8.4.7 110 kV GIS 等级评定表

表 81　110 kV GIS 等级评定表

设备名称		制造厂家		安装时间		
设备型号		安装地点		投运时间		
评定项目	评定内容及标准	检查结果		项目等级	备注	
		合格	不合格			
一、断路器	△1. 控制开关能够准确控制分合闸					
	△2. 电动合闸、分闸迅速、可靠、灵活、无卡涩					
	△3. 手动合闸、分闸迅速、可靠、灵活、无卡涩					
	△4. 指示灯指示准确					
	△5. 仪表指示准确、误差小于规定					
	△6. 继电器按规定校验,动作可靠					
	△7. 气体压力正常					
	△8. 绝缘良好、符合规定要求(整体绝缘电阻值测量应参照制造厂规定)					
	△9. 有明显接地、接地可靠					
	10. 二次电缆接线规范、整齐、编号齐全					
	△11. 按规定进行电气试验,结果符合规定要求					
	12. 设备定级资料齐全,有施工维修检查记录					
二、隔离开关	△1. 各项技术参数符合运行要求,无过热现象					
	△2. 部件完整、零件齐全、瓷件无损伤、接地良好					
	△3. 绝缘良好、各项试验数据合格、试验资料齐全					
	△4. 操作机构灵活、闭锁装置可靠、辅助接点良好					
	5. 整洁、油漆完整、标志正确清楚					
三、接地刀闸	△1. 各项技术参数符合运行要求,无过热现象					
	△2. 部件完整、零件齐全、瓷件无损伤、接地良好					
	△3. 绝缘良好、按规定进行电气试验,结果符合规定要求、试验资料齐全					
	△4. 操作机构灵活、闭锁装置可靠、辅助接点良好					
	5. 整洁、油漆完整、标志正确清楚					

表 81 110 kV GIS 等级评定表(续)

评定项目	评定内容及标准	检查结果		项目等级	备注
		合格	不合格		
四、控制柜	△1. 各项参数满足实际运行需要,热元件选用正确				
	△2. 部件完整、零件齐全				
	△3. 绝缘良好,各项试验符合规程要求				
	△4. 操控机构灵活,无卡阻现象				
	△5. 接触良好,运行中无异常				
	6. 密封严密,本体清洁、无腐蚀				
	7. 标志正确清楚				
五、GIS 本体	△1. 隔仓压力符合标准,仪表指示准确				
	△2. 风机运行正常、通风良好				
	△3. 气体检测装置运行无异常				
	△4. 操作机构灵活、闭锁装置可靠、辅助接点良好				
	5. 整洁、油漆完整、标志正确清楚				
评级结果	共检查___项目,其中一类___项,二类___项,三类___项,四类___项				

评级说明	单元评定等级
一类:△均满足一类标准。 二类:△单元项不能完全达到标准但不影响随时投入运行。 三类:达不到二类标准且有下列情况之一: 　　1. 故障率高,不能保证随时投入运行; 　　2. 电气试验结果不符合相关国家现行标准的规定,且经常规处理仍不能满足要求; 　　3. 主要零部件损坏或属淘汰产品,绝缘件性能达不到使用要求; 　　4. 保护装置动作不可靠; 　　5. 操作机构不灵活,有卡阻现象; 　　6. 柜体油漆脱落,部件锈蚀、变形,影响正常使用; 　　7. 存在有其他影响安全运行的重大缺陷。 四类:达到三类标准,且有下列情况之一: 　　1. 经过大修、技术改造或更换元器件等技术措施仍不能满足泵站运行安全、技术、经济要求或修复不经济的; 　　2. 整体技术状态差; 　　3. 属淘汰产品,性能下降,维修恢复困难	

8.4.8 高压变频器等级评定表

表82 高压变频器等级评定表

设备名称		制造厂家		安装时间		
设备型号		安装地点		投运时间		
评定项目	评定内容及标准	检查结果		项目等级	备注	
		合格	不合格			
△一、电抗器	1. 无过热,电缆接头连接无松动					
	2. 运行温度符合规定					
	3. 按规定进行电气试验,结果符合规定要求					
△二、变压器	1. 无过热,电缆接头连接无松动					
	2. 运行温度符合规定					
	3. 按规定进行电气试验,结果符合规定要求					
△三、空冷系统	1. 风机运转良好,通风量符合要求					
	2. 风道通畅,防小动物措施符合要求					
△四、电路元件	1. 控制单元、功率单元等运行正常					
	2. 无异味、无变形、无漏液、无发热					
五、运行环境	1. 滤网清洁、通风良好					
	2. 无尘,运行环境温度在 0～40℃,湿度不超过80%					
△六、控制、信号	1. 运行参数显示正常					
	2. 通信正常					
	3. 显示屏显示正常					
	4. 输出信号正常					

表 82　高压变频器等级评定表(续)

评定项目	评定内容及标准	检查结果		项目等级	备注
		合格	不合格		
七、技术资料	1. 图纸资料齐全				
	2. 检修资料、检修记录齐全				
	3. 试验资料齐全				
△八、设备运行情况	在各种设计工况和负荷下正常运行,并能随时投入运作				
评级结果	共检查___项目,其中一类___项,二类___项,三类___项,四类___项				

评级说明	单元评定等级
一类:△均满足一类标准。 二类:△单元项不能完全达到标准但不影响随时投入运行。 三类:达不到二类标准且有下列情况之一: 　1. 故障率高,不能保证随时投入运行; 　2. 电气试验结果不符合相关国家现行标准的规定,且经常规处理仍不能满足要求; 　3. 主要零部件损坏或属淘汰产品,绝缘件性能达不到使用要求; 　4. 保护装置动作不可靠; 　5. 操作机构不灵活,有卡阻现象; 　6. 柜体油漆脱落,部件锈蚀、变形,影响正常使用; 　7. 存在有其他影响安全运行的重大缺陷。 四类:达到三类标准,且有下列情况之一: 　1. 经过大修、技术改造或更换元器件等技术措施仍不能满足泵站运行安全、技术、经济要求或修复不经济的; 　2. 整体技术状态差; 　3. 属淘汰产品,性能下降,维修恢复困难。	

8.4.9 低压电器等级评定表

表83 低压电器等级评定表

设备名称		制造厂家		安装时间			
设备型号		安装地点		投运时间			
评定项目	评定内容及标准	检查结果		项目等级	备注		
		合格	不合格				
一、柜体内电路元器件	△1. 盘内各设备满足实际运行需要						
	△2. 部件完整,保险器无损伤、无腐蚀						
	3. 封闭严密、盘内整洁、油漆完整						
二、柜体外观	1. 密封严密、本体清洁						
	2. 油漆完整、无腐蚀						
三、绝缘性能	△绝缘良好,各项试验符合规定要求						
四、电路元件	△1. 电容、电阻开关、接插件、电容器、电压互感器、电流互感器及浪涌保护器等运行正常						
	2. 无异味、无变形、无漏液、无发热						
五、标示标牌	1. 标志正确清楚						
	2. 保险器标志和实际熔断丝符合规程						
六、母排桩头	△示温片未熔化(或变色),运行中无过热现象						
评级结果	共检查___项目,其中一类___项,二类___项,三类___项,四类___项						
评级说明				单元评定等级			
一类:△均满足一类标准。 二类:△单元项不能完全达到标准但不影响随时投入运行。 三类:达不到二类标准且有下列情况之一: 　1. 故障率高,不能保证随时投入运行; 　2. 电气试验结果不符合相关国家现行标准的规定,且经常规处理仍不能满足要求; 　3. 主要零部件损坏或属淘汰产品,绝缘件性能达不到使用要求; 　4. 电气保护元件配置不合理,动作不可靠; 　5. 柜体油漆脱落,部件锈蚀、变形,影响正常使用。 四类:达到三类标准,且有下列情况之一: 　1. 经过大修、技术改造或更换元器件等技术措施仍不能满足泵站运行安全、技术、经济要求或修复不经济的; 　2. 整体技术状态差; 　3. 属淘汰产品,性能下降,且维修恢复困难						

8.4.10 励磁装置设备评级表

表 84 励磁装置设备评级表

设备名称		制造厂家		安装时间		
设备型号		安装地点		投运时间		
评定项目	评定内容及标准		检查结果		项目等级	备注
			合格	不合格		
一、仪表	△盘面仪表、信号灯指示准确,液晶显示屏未老化					
二、调试装置	△1. 励磁装置调试(增减磁、灭磁)正常,联动、投励可靠					
	△2. 断路器容量满足要求,分合可靠					
三、整流装置	整流桥排紧固、无变形					
四、冷却装置	冷却风机工作正常,噪音低					
五、励磁屏	1. 与上位机通信正常					
	△2. 屏内各零部件完整,无损坏					
	△3. 螺栓紧固,接线正确牢固					
	4. 示温纸齐全、无变色					
六、励磁变压器	△1. 线圈绝缘良好,无发热破损现象					
	△2. 变压器铁芯无松动、锈蚀现象					
	△3. 接线桩头紧固,接线正确					
	△4. 变压器温度、温升、振动、噪音等符合规定					
	5. 示温纸完整、无变色					
七、绝缘性能	△装置绝缘良好,试验结果符合要求					
八、技术资料	资料完整,图纸齐全且与现场实际情况相符					
评级结果	共检查___项目,其中一类___项,二类___项,三类___项,四类___项					
评级说明					单元评定等级	

评级说明

一类:△均满足一类标准。

二类:△单元项不能完全达到标准但不影响随时投入运行。

三类:达不到二类标准且有下列情况之一:
1. 故障率高,不能保证随时投入运行;
2. 电气试验结果不符合相关国家现行标准的规定,且经常规处理仍不能满足要求;
3. 主要零部件损坏或属淘汰产品,绝缘件性能达不到使用要求;
4. 电气保护元件配置不合理,动作不可靠;
5. 柜体油漆脱落,部件锈蚀、变形,影响正常使用。

四类:达到三类标准,且有下列情况之一:
1. 经过大修、技术改造或更换元器件等技术措施仍不能满足泵站运行安全、技术、经济要求或修复不经济的;
2. 整体技术状态差;
3. 属淘汰产品,性能下降,且维修恢复困难

8.4.11 直流装置等级评定表

表 85 直流装置等级评定表

设备名称		制造厂家		安装时间		
设备型号		安装地点		投运时间		
评级项目	评定内容及标准	检查结果		项目等级	备注	
		合格	不合格			
一、柜体外观	1. 表面清洁、无破损、油漆防护完好					
	2. 柜体密封满足防小动物要求					
△二、元器件及开关	1. 仪表、信号灯、触摸屏等显示准确					
	2. 柜内各元器件、传感器、PLC等工作正常					
	3. 高频开关工作正常,可自由切换,无扰动					
	4. 逆变电源工作正常,失电切换无扰动					
	5. 各回路断路器容量选型满足要求,分合可靠					
△三、接线线路	1. 线缆接线桩头无松动,发热现象,熔断器配置合理					
	2. 无缺相、过压、欠压、过流等异常指示信号					
	3. 直流系统运行方式正确,母线电压在允许范围内					
	4. 各回路失电报警动作正常、信号准确					
△四、接地绝缘	柜体绝缘良好,接地电阻符合规程要求					
△五、蓄电池	1. 蓄电池整洁、标号齐全、标志正确					
	2. 蓄电池体无膨胀变形、发热现象					
	3. 容量达到铭牌出力					
	4. 定期检查,容量、电压应满足规范要求					
△六、逆变屏	1. 逆变电源工作正常,失电切换无扰动					
	2. 各回路断路器容量选型满足要求,分合可靠					
七、技术资料及标识标牌	1. 设备铭牌及电缆标牌标示正确清楚					
	2. 资料完整,图纸齐全、正确与现场实际情况相符					
评定结果	共检查___项目,其中一类___项,二类___项,三类___项,四类___项					

评级说明	单元评定等级
一类:△项必须合格,且不存在其他影响设备正常运行的问题。 二类:△单元项不能完全达到标准但不影响随时投入运行。 三类:有下列情况之一: 　1. 主要性能指标下降,绝缘性能不符合要求; 　2. 蓄电池性能严重下降,出现涨鼓、漏液等缺陷,容量低于80%; 　3. 柜体油漆脱落,部件锈蚀、变形,影响正常使用。 四类:达到三类标准,且有下列情况之一: 　1. 经过大修、技术改造或更换元器件等技术措施仍不能满足泵站运行安全、技术、经济要求或修复不经济的; 　2. 整体技术状态差; 　3. 主要设备及元器件属淘汰产品,性能下降,且维修恢复困难。	

8.4.12 保护和自动装置等级评定表

表86 保护和自动装置等级评定表

设备名称		制造厂家		安装时间	
设备型号		安装地点		投运时间	

评定项目	评定内容及标准	检查结果		项目等级	备注
		合格	不合格		
一、继电器	1. 继电保护及自动装置完好,动作灵敏、可靠,配合正确				
	2. 二次回路排列整齐、标号完整正确、绝缘良好				
二、机械部分	机械性能、电气特性符合规程要求				
三、外观及标识	1. 外壳完整、封闭严密				
	2. 控制盒保护盘整洁、标志完整				
四、技术资料	图纸齐全、正确与现场实际相符				
评级结果	共检查___项目,其中一类___项,二类___项,三类___项,四类___项				

评级说明	单元评定等级
一类:达到一、二项及二类评定标准; 二类:达不到一类标准且有下列情况之一: 　　1. 二次回路标号不全,绝缘薄弱; 　　2. 图纸不齐全与实际不符; 　　3. 外壳有裂纹,但不影响正常运行; 　　4. 有其他缺陷但仍可继续运行。 三类:有下列情况之一: 　　1. 保护及自动装置有缺陷、动作不可靠; 　　2. 电气试验结果不符合要求,且经常规处理仍不能满足要求; 　　3. 自动装置损坏,机械性能、电气特性不满足要求; 　　4. 保护和自动装置通信不正常,且经常规处理仍不能满足要求; 　　5. 有其他影响安全运行的重大缺陷。 四类:达到三类标准,且有下列情况之一: 　　1. 经过大修、技术改造或更换元器件等技术措施仍不能满足泵站运行安全、技术、经济要求或修复不经济的; 　　2. 整体技术状态差; 　　3. 主要设备及元器件属淘汰产品,且维修恢复困难	

8.4.13 液压启闭机等级评定表

表 87　液压启闭机等级评定表

设备名称		制造厂家		安装时间		
设备型号		安装地点		投运时间		
评定项目	评定内容及标准	检查结果		项目等级	备注	
		合格	不合格			
△一、油泵及电机	1. 能持续达到铭牌要求,并随时可投入运行					
	2. 零件、部件完好,各部间隙及震动符合检修工艺规程标准					
	3. 轴承完好,运行无异音					
	4. 填料密封良好无漏水现象					
	5. 电机绝缘符合标准,运行电流正常,无异常声音、气味					
	6. 出口压力符合规定					
	7. 设备及环境卫生清洁,外表无锈蚀、渗漏					
△二、控制柜	1. 盘内各设备满足实际运行需要,电缆进出孔封板完整					
	2. 部件完整,保险器无损伤,无腐蚀					
	3. 绝缘良好,各项试验符合规定要求					
	4. 封闭严密、盘内整洁、油漆完整					
	5. 接地线接头牢固					
	6. 保险器标志和实际熔断丝符合规程					
	7. 联动动作可靠					
三、管道及阀门	△1. 管道支吊架和补偿装置均符合要求,并且无振动和变形现象					
	△2. 管道的安全附件及表记应正常可靠					
	3. 管道及阀门无裂损和锈蚀或锈蚀较轻微					
	△4. 管道、阀门及法兰等无泄露,管道保温良好,涂色和标记完整,外表整洁,阀门开关灵活,关闭严密					
	5. 无其他危及安全运行的缺陷					
	6. 出口压力符合规定					

表 87　液压启闭机等级评定表(续)

评定项目	评定内容及标准	检查结果		项目等级	备注
		合格	不合格		
四、外观及标识	△1. 设备及环境卫生清洁,外表无锈蚀、渗漏				
	2. 标志、编号准确醒目				
五、技术资料	技术资料齐全,图纸齐全且与现场实际情况相符				
评级结果	共检查___项目,其中一类___项,二类___项,三类___项,四类___项				

评级说明	单元评定等级
试运行设备在额定负荷下运行 2 小时后检查。 一类:△项均满足一类标准,且其他项无三类。 二类:△项不能完全达到标准但不影响机组随时投入运行。 三类:达到二类标准,有下列情况之一: 　　1. 达不到铭牌要求; 　　2. 刷蚀、腐蚀及磨损严重。 四类:达到三类标准,且有下列情况之一: 　　1. 经过大修、技术改造或更换元器件等技术措施仍不能满足泵站运行安全、技术、经济要求或修复不经济的; 　　2. 整体技术状态差; 　　3. 性能下降,维修恢复困难	

8.4.14 卷扬启闭机等级评定表

表 88　卷扬启闭机等级评定表

设备名称		制造厂家		安装时间		
设备型号		安装地点		投运时间		
评级项目	评定内容及标准	检查结果		项目等级	备注	
		合格	不合格			
△一、电气及显示仪表	1. 有可靠的供电电源和备用电源					
	2. 设备的电气线路布线及绝缘情况良好					
	3. 各种电器开关及继电器元件完好					
	4. 开度仪及其他表计工作正常					
	5. 各种信号指示正确					
△二、润滑要求	1. 润滑部位按规定注入或更换润滑油					
	2. 润滑的油质、油量符合要求					
	3. 密封性良好,不漏油					
	4. 润滑设备及其零件齐全、完好					
	5. 油路系统畅通无阻					
△三、电机	1. 能达到铭牌功率,能随时投入运行					
	2. 电机绕组的绝缘电阻应不小于 0.5 MΩ					
	3. 电机的温升和轴承的温度正常					
	4. 电机的碳刷、滑环工作正常					
	5. 电机外壳接地应牢固可靠					
△四、制动器	1. 制动器应动作灵活、可靠					
	2. 制动轮表面无破损、裂纹等缺陷					
	3. 制动器的闸瓦及制动带表面清洁、无油污等					
	4. 制动器闸瓦退程间隙在 0.5~1.0 mm 之间					
	5. 制动器上的主弹簧机轴销螺钉牢固					
	6. 电磁铁在通电时无杂音					
	7. 液压装置工作正常、无渗油					
△五、传动机构	1. 减速器齿轮啮合正好,无严重磨损和锈蚀					
	2. 减速器油量充足、油位正常、油质合格					
	3. 轴和轴承转动灵活,无噪音					
	4. 联轴器联接紧固,无松动现象;运转平稳,无张裂现象和异常声音;弹性圈无老化、破损,与销轴装配密实,同轴度在允许偏差范围内					
	5. 开式齿轮啮合正好,无严重磨损和锈蚀					
△六、启闭机构	1. 卷筒装置无损伤、变形、裂纹、斑坑及锈蚀现象					
	2. 钢丝绳保养良好,无断丝、断股现象,固定牢固,润滑良好					

表88 卷扬启闭机等级评定表(续)

评级项目	评定内容及标准	检查结果		项目等级	备注
		合格	不合格		
△六、启闭机构	3. 排绳器工作可靠				
△七、吊具	1. 吊环、悬挂吊板、芯轴固定牢固,无裂纹,磨损正常,防脱钩装置完好,无变形,动作灵活可靠				
	2. 滑轮组零件及滑轮润滑良好,运转平稳、无异常声响				
	3. 兰花螺栓无松动				
△八、机架	1. 机架结构完好(无变形、无裂缝)				
	2. 钢架结构件的连接使用高强度螺栓紧固				
九、防腐蚀要求	1. 金属结构表面防腐蚀处理良好				
	2. 涂层均匀,整机涂料颜色协调美观				
十、安全防护	1. 严禁堆放易燃易爆品,设有消防器具				
	2. 接地牢固可靠				
	3. 启闭机室或启闭工作平台与外界隔离				
十一、工作场所	1. 整齐、清洁、无油污及废弃物				
	2. 照明良好				
十二、设备运行状况	1. 达到规定的定额电压、频率、功率				
	2. 运行状态完好				
	3. 操作符合规程				
十三、技术资料	1. 设备图纸及产品说明书齐全				
	2. 查修资料齐全,检修记录完整				
评定结果	共检查___项目,其中一类___项,二类___项,三类___项,四类___项				

评级说明	单元评定等级

一类:△项均满足一类标准,其他项无三类。
二类:△项不能完全达到标准但不影响机组随时投入运行。
三类:达到二类标准,有下列情况之一:
  1. 达不到铭牌要求;
  2. 刷蚀、腐蚀及磨损严重。
四类:达到三类标准,且有下列情况之一:
  1. 经过大修、技术改造或更换元器件等技术措施仍不能满足泵站运行安全、技术、经济要求或修复不经济的;
  2. 整体技术状态差;
  3. 性能下降,维修恢复困难	

8.4.15 供水系统等级评定表

表 89　供水系统等级评定表

设备名称		制造厂家		安装时间		
设备型号		安装地点		投运时间		
评定项目	评定内容及标准	检查结果		项目等级	备注	
		合格	不合格			
一、电机及水泵	1. 能持续达到铭牌要求,并随时可投入运行					
	2. 零件、部件完好,各部间隙及震动符合检修工艺规程标准					
	3. 轴承完好,运行无异音					
	4. 填料密封良好无漏水现象					
	5. 电机绝缘符合标准,运行电流正常,无异常声音、气味					
二、控制柜	1. 盘内各设备满足实际运行需要,电缆进出孔封板完整					
	2. 部件完整、保险器无损伤、无腐蚀					
	3. 绝缘良好,各项试验符合规定要求					
	4. 封闭严密、盘内整洁、油漆完整					
	5. 接地线接头牢固					
	6. 保险器标志和实际熔断丝符合规程					
	7. 联动动作可靠					
三、管道及阀门	1. 管道支吊架和补偿装置均符合要求,并且无振动和变形现象					
	2. 管道的安全附件及表记应正常可靠					
	3. 管道及阀门无裂损和锈蚀或锈蚀较轻微					
	4. 管道、阀门及法兰等无泄露,管道保温良好,涂色和标记完整,外表整洁,阀门开关灵活,关闭严密					
	5. 无其他危及安全运行的缺陷					

表89 供水系统等级评定表(续)

评定项目	评定内容及标准	检查结果		项目等级	备注
		合格	不合格		
四、外观及标识	1. 设备及环境卫生清洁,外表无锈蚀、渗漏				
	2. 标志、编号准确醒目				
五、技术资料	技术资料齐全,图纸齐全且与现场实际情况相符				
评级结果	共检查___项目,其中一类___项,二类___项,三类___项,四类___项				

评级说明	单元评定等级

试运行设备在额定负荷下运行2小时后检查。
一类:△项均满足一类标准,且其他项无三类。
二类:△项不能完全达到标准但不影响机组随时投入运行。
三类:达到二类标准,有下列情况之一:
  1. 达不到铭牌要求;
  2. 刷蚀、腐蚀及磨损严重。
四类:达到三类标准,且有下列情况之一:
  1. 经过大修、技术改造或更换元器件等技术措施仍不能满足泵站运行安全、技术、经济要求或修复不经济的;
  2. 整体技术状态差;
  3. 性能下降,维修恢复困难	

8.4.16 排水系统等级评定表

表90 排水系统等级评定表

设备名称		制造厂家		安装时间		
设备型号		安装地点		投运时间		
评定项目	评定内容及标准	检查结果		项目等级	备注	
		合格	不合格			
△一、电机及水泵	1. 能持续达到铭牌要求,并随时可投入运行					
	2. 零件、部件完好,各部间隙及震动符合检修工艺规程标准					
	3. 轴承完好、运行无异音					
	4. 填料密封良好,无漏水现象					
	5. 电机绝缘符合标准,运行电流正常,无异常声音、气味					
△二、控制柜	1. 盘内各设备满足实际运行需要,电缆进出孔封板完整					
	2. 部件完整、保险器无损伤、无腐蚀					
	3. 绝缘良好,各项试验符合规定要求					
	4. 封闭严密、盘内整洁、油漆完整					
	5. 接地线接头牢固					
	6. 保险器标志和实际熔断丝符合规程					
	7. 联动动作可靠					
三、管道及阀门	1. 管道支吊架和补偿装置均符合要求,并且无振动和变形现象					
	2. 管道的安全附件及表记应正常可靠					

表90 排水系统等级评定表(续)

评定项目	评定内容及标准	检查结果		项目等级	备注
		合格	不合格		
三、管道及阀门	3. 管道及阀门无裂损和锈蚀或锈蚀较轻微				
	4. 管道、阀门及法兰等无泄露,管道保温良好,涂色和标记完整,外表整洁,阀门开关灵活,关闭严密				
	5. 无其他危及安全运行的缺陷				
四、外观及标识	1. 设备及环境卫生清洁,外表无锈蚀、渗漏				
	2. 标志、编号准确醒目				
五、技术资料	技术资料齐全,图纸齐全且与现场实际情况相符				
评级结果	共检查___项目,其中一类___项,二类___项,三类___项,四类___项				

评级说明	单元评定等级
试运行设备在额定负荷下运行2小时后检查。 一类:△项均满足一类标准,且其他项无三类。 二类:△项不能完全达到标准但不影响机组随时投入运行。 三类:达到二类标准,有下列情况之一: 　1. 达不到铭牌要求; 　2. 刷蚀、腐蚀及磨损严重。 四类:达到三类标准,且有下列情况之一: 　1. 经过大修、技术改造或更换元器件等技术措施仍不能满足泵站运行安全、技术、经济要求或修复不经济的; 　2. 整体技术状态差; 　3. 性能下降,维修恢复困难	

8.4.17 桥门式起重机等级评定表

表91 桥门式起重机等级评定表

设备名称		制造厂家		安装时间		
设备型号		安装地点		投运时间		
评级项目	评定内容及标准	检查结果		项目等级	备注	
		合格	不合格			
△一、刹车及限位	大车小车在规定范围内运行顺畅,无卡涩、跳动,刹车良好;大车限位安全可靠					
△二、吊具	1. 大小车、主副吊勾电机绝缘良好					
	2. 大钩、小钩在规定范围内能自由上下、无卡涩,刹车良好,升降限位可靠					
△三、钢丝绳	钢丝绳无断丝断股,颈缩符合规定要求,且排列整齐					
△四、安全装置	1. 安全保护装置稳定可靠					
	2. 电气控制单位符合规程规范要求,控制灵敏、准确、变速可靠					
	3. 按规定进行定期检测并合格					
△五、金属结构	金属结构及所有电气设备外壳、管槽、电缆外壳等接地良好					
六、滑触线	无变形、表面清洁,电源指示正常					
七、遥控	遥控器操控准确可靠					
八、技术资料	资料完整,图纸齐全,与实际情况相符					
评定结果	共检查___项目,其中一类___项,二类___项,三类___项,四类___项					
评级说明				单元评定等级		

一类:△项均满足一类标准,且其他项无三类。
二类:△项不能完全达到标准但不影响随时投入运行。
三类:达到二类标准,有下列情况之一:
  1. 达不到铭牌要求;
  2. 刷蚀、腐蚀及磨损严重。
四类:达到三类标准,且有下列情况之一:
  1. 经过大修、技术改造或更换元器件等技术措施仍不能满足泵站运行安全、技术、经济要求或修复不经济的;
  2. 整体技术状态差;
  3. 性能下降,维修恢复困难						

8.4.18 电动葫芦等级评定表

表 92 电动葫芦等级评定表

设备名称		制造厂家		安装时间		
设备型号		安装地点		投运时间		
评级项目	评定内容及标准	检查结果		项目等级	备注
		合格	不合格		
△一、金属结构及操作机构	1. 各金属结构有无锈蚀或断裂				
	2. 各操作按钮是否动作可靠,运行过程中有无卡滞现象				
	3. 操作信号灯是否正常				
△二、钢丝绳	钢丝绳有无锈蚀				
△三、限位开关	限位开关是否安全可靠,搁门器是否运行灵活和安全可靠				
△四、设备绝缘	电动机绝缘是否良好				
评定结果	共检查___项目,其中一类___项,二类___项,三类___项,四类___项				

评级说明	单元评定等级

一类:△项均满足一类标准,且其他项无三类。
二类:△项不能完全达到标准但不影响随时投入运行。
三类:达到二类标准,有下列情况之一:
  1. 达不到铭牌要求;
  2. 刷蚀、腐蚀及磨损严重。
四类:达到三类标准,且有下列情况之一:
  1. 经过大修、技术改造或更换元器件等技术措施仍不能满足泵站运行安全、技术、经济要求或修复不经济的;
  2. 整体技术状态差;
  3. 性能下降,维修恢复困难	

8.4.19 清污机等级评定表

表 93　清污机等级评定表

设备名称		制造厂家		安装时间		
设备型号		安装地点		投运时间		
评级项目	评定内容及标准	检查结果		项目等级	备注	
		合格	不合格			
△一、外观	1. 拦污栅外观、栅条清洁、完好,无锈蚀现象					
	2. 清污机轨道清洁、完好、平整					
	3. 定位装置定位准确、可靠					
	4. 整体行走平稳,无振动					
△二、机械部分	1. 齿轮保养良好,啮合可靠					
	2. 滚轮滚动灵活,无卡阻现象					
	3. 清污机升降灵活,无卡阻现象					
	4. 钢丝绳保养良好,无断股、断丝现象					
	5. 链条保养良好,无锈蚀、损坏					
△三、控制开关	1. 回路可靠,能保证正常工作					
	2. 行程开关动作可靠、准确					
△四、继电器	热继电器动作可靠,能够起到保护作用					
△五、安全防护	有必要的安全保护设施、设备					
六、技术资料	1. 按规定进行电气试验并有试验资料					
	2. 图纸、工程等资料齐全					
评定结果	共检查___项目,其中一类___项,二类___项,三类___项,四类___项					
评级说明				单元评定等级		
一类:△项均满足一类标准,且其他项无三类。 二类:△项不能完全达到标准但不影响随时投入运行。 三类:达到二类标准,有下列情况之一: 　1. 达不到铭牌要求; 　2. 刷蚀、腐蚀及磨损严重。 四类:达到三类标准,且有下列情况之一: 　1. 经过大修、技术改造或更换元器件等技术措施仍不能满足泵站运行安全、技术、经济要求或修复不经济的; 　2. 整体技术状态差; 　3. 性能下降,维修恢复困难						

8.4.20 皮带输送机等级评定表

表94 皮带输送机等级评定表

设备名称		制造厂家		安装时间		
设备型号		安装地点		投运时间		
评级项目	评定内容及标准	检查结果		项目等级	备注	
		合格	不合格			
△一、输送机	△1. 皮带无裂纹、无破损、无老化现象					
	△2. 传动滚轮滚动灵活,无卡阻现象					
	△3. 支架油漆完好,表面清洁、无变形					
	△4. 电机运行正常,无异常声响					
二、控制柜	1. 盘内各设备满足实际运行需要,电缆进出孔封板完整					
	2. 部件完整、保险器无损伤、无腐蚀					
	3. 绝缘良好,各项试验符合规定要求					
	4. 封闭严密、盘内整洁、油漆完整					
	5. 接地线接头牢固					
	6. 标志正确清楚					
	7. 保险器标志和实际熔断丝符合规程					
三、技术资料	1. 按规定进行电气试验并有试验资料					
	2. 图纸、工程等资料齐全					
评定结果	共检查___项目,其中一类___项,二类___项,三类___项,四类___项					
评级说明				单元评定等级		

一类:△项均满足一类标准,且其他项无三类。
二类:△项不能完全达到标准但不影响随时投入运行。
三类:达到二类标准,有下列情况之一:
  1. 达不到铭牌要求;
  2. 刷蚀、腐蚀及磨损严重。
四类:达到三类标准,且有下列情况之一:
  1. 经过大修、技术改造或更换元器件等技术措施仍不能满足泵站运行安全、技术、经济要求或修复不经济的;
  2. 整体技术状态差;
  3. 性能下降,维修恢复困难					

8.4.21 叶片调节机构等级评定表

表 95　叶片调节机构等级评定表

设备名称		制造厂家		安装时间	
设备型号		安装地点		投运时间	

评定项目	评定内容及标准	检查结果		项目等级	备注
		合格	不合格		
叶片调节机构	△调节灵活、限位可靠、无异常声响				
	△叶片角度指示准确				
	△冷却水畅通、轴承箱温度正常				
	机构表面清洁、无油迹				
评级结果	共检查＿＿项目,其中一类＿＿项,二类＿＿项,三类＿＿项,四类＿＿项				

评级说明	单元评定等级
一类:△项均满足一类标准。 二类:△项不能完全达到标准但不影响机组随时投入运行。 三类:叶片调节卡滞,限位不灵,轴承箱温度异常,影响安全运行。 四类:达到三类标准,且有下列情况之一: 　1. 经过大修、技术改造或更换元器件等技术措施仍不能满足泵站运行安全、技术、经济要求或修复不经济的; 　2. 整体技术状态差; 　3. 性能下降,维修恢复困难	

8.4.22 柴油发电机组等级评定表

表 96 柴油发电机组等级评定表

设备名称		制造厂家		安装时间		
设备型号		安装地点		投运时间		
评级项目	评定内容及标准		检查结果		项目等级	备注
			合格	不合格		
△一、电气及仪表	1. 各种电器开关及继电器元件正常					
	2. 表计工作正常、信号指示正确					
△二、柴油机	1. 缸体、附件完整、完好					
	2. 空气滤清器、涡轮增压机配气机构正常					
	3. 柴油供油系统(油箱、输油泵、滤清器、高压油泵、喷油器及输油管道)正常					
	4. 润滑供油系统(机油泵、油位、油压、滤清器)正常					
	5. 冷却系统(水泵、温控器、风扇、水箱及冷却水)正常					
	6. 各部轴承声响正常					
	7. 启动电机及启动齿轮工作正常					
	8. 充电发电机及电气系统工作正常					
△三、蓄电池	1. 电解液液位及电解液比重合格					
	2. 容量满足规定要求					
	3. 电缆接线桩头紧固且氧化防护良好					
△四、发电机	1. 能达到铭牌技术参数要求					
	2. 发电机绕组的绝缘电阻≥ 0.5 MΩ					
	3. 滑环表面光洁,碳刷与滑环接触良好,刷握和刷架连接良好					
	4. 发电机励磁调节机构工作正常					
	5. 发电机温升和轴承温升正常					
	6. 联轴器连接牢固可靠					
	7. 发电机外壳接地应牢固可靠					

表 96　柴油发电机组等级评定表(续)

评级项目	评定内容及标准	检查结果		项目等级	备注
		合格	不合格		
五、防腐蚀要求	1. 金属表面无锈蚀、防腐良好				
	2. 涂层均匀,整机涂料颜色协调美观				
六、安全防护	1. 安全护罩完好				
	2. 严禁堆放易燃易爆品,设有消防器具及黄沙箱				
七、工作场所	1. 整齐、清洁、无油污及废弃物				
	2. 照明良好				
△八、设备运行状况	1. 达到规定的定额电压、频率、功率				
	2. 运行状态完好				
	3. 操作符合规程				
九、技术资料	1. 设备图纸及产品说明书齐全				
	2. 查修资料齐全,检修记录完整				
评定结果	共检查___项目,其中一类___项,二类___项,三类___项,四类___项				

评级说明	单元评定等级
一类:△项均满足一类标准。 二类:△项不能完全达到标准但不影响机组随时投入运行。 三类:叶片调节卡滞,限位不灵,轴承箱温度异常,影响安全运行。 四类:达到三类标准,且有下列情况之一: 　1. 经过大修、技术改造或更换元器件等技术措施仍不能满足泵站运行安全、技术、经济要求或修复不经济的; 　2. 整体技术状态差; 　3. 性能下降,维修恢复困难。	

8.4.23 计算机监控主机等级评定表

表 97 计算机监控主机等级评定表

设备名称		制造厂家		安装时间		
设备型号		安装地点		投运时间		

评级项目	评定内容及标准	检查结果		项目等级	备注
		合格	不合格		
△一、设备外观	操作台、服务器、打印机、显示器、交换机 GPS 时间同步时钟、防火墙、光端机等设备外观清洁,无损坏				
△二、硬件	1. 服务器工作正常、显示正常				
	2. 监控计算机或工作站工作正常,显示正常				
	3. 网络交换机、光纤收发器等工作正常、网络通畅				
	4. GPS 时间同步时钟工作正常				
	5. 硬件防火墙工作正常				
	6. 监控设备采用不间断或逆变供电电源正常				
△三、软件	1. 监控组态软件运行正常,可进行 web 发布				
	2. 系统内有杀毒、防火墙等安全软件且定时更新				
	3. 上位机监控数据与现地数据显示一致				
	4. 对监控系统进行 Ghost 备份				
	5. 系统报警信息能及时弹出,语音报警提示准确				
	6. 实时、历史等报表准确完整,每月定期进行数据备份				
	7. 根据用户角色设置不同的访问权限				

表97 计算机监控主机等级评定表(续)

评级项目	评定内容及标准	检查结果		项目等级	备注
		合格	不合格		
△四、防雷接地	有可靠的防雷措施、系统接地电阻符合规程要求				
五、技术资料	设计、接线图纸、系统测试资料齐全				
评定结果	共检查___项目,其中一类___项,二类___项,三类___项,四类___项				

评级说明	单元评定等级
一类:△项必须合格,且不存在其他影响设备正常运行的问题。 二类:△单元项不能完全达到标准但不影响随时投入运行。 三类:1. 系统可靠性低、故障率高; 　　　2. 信息采集、设备控制、数据通信等功能存在重大缺陷; 　　　3. 控制计算机、服务器、现地控制单元等主要设备性能不稳定; 　　　4. 执行元件动作不可靠; 　　　5. 传感器故障率高、准确度低; 　　　6. 应用软件经常出现故障; 　　　7. 因采集量不够或功能不满足要求,需要升级; 　　　8. 有其他影响安全运行的重大缺陷。 四类:1. 系统可靠性差,无法正常运行; 　　　2. 系统功能存在严重故障; 　　　3. 控制计算机、服务器、现地控制单元等主要设备有严重的缺陷,并威胁安全运行; 　　　4. 执行元件误动作率高; 　　　5. 传感器故障率高; 　　　6. 应用软件无法正常运行; 　　　7. 属淘汰产品,性能下降,维修恢复困难	

8.4.24 LCU柜等级评定表

表 98　LCU柜等级评定表

设备名称		制造厂家		安装时间		
设备型号		安装地点		投运时间		
评级项目	评定内容及标准	检查结果		项目等级	备注	
		合格	不合格			
一、柜体外观	1. 表面清洁、无破损,油漆防护完好					
	2. 柜体密封满足防小动物要求					
△二、设备元器件	1. PLC各单元工作稳定、可靠,符合设计要求					
	2. 出口继电器动作正常					
	3. 端子回路排列整齐,接线桩头紧固、标号正确					
	4. 熔断器配置符合规范要求					
	5. 与上位机及保护系统通信畅通					
	6. 仪表、信号灯、触摸屏等显示准确					
三、标示标牌	设备铭牌及电缆标牌标示正确清楚					
△四、接地绝缘	柜体绝缘良好,接地电阻符合规程要求					
五、技术资料	资料完整,图纸齐全,与现场实际情况相符					
评定结果	共检查___项目,其中一类___项,二类___项,三类___项,四类___项					
评级说明				单元评定等级		

一类:△项必须合格,且不存在其他影响设备正常运行的问题。
二类:△单元项不能完全达到标准但不影响随时投入运行。
三类:1. 系统可靠性低、故障率高;
　　　2. 信息采集、设备控制、数据通信等功能存在重大缺陷;
　　　3. 现地控制单元等主要设备性能不稳定;
　　　4. 执行元件动作不可靠;
　　　5. 传感器故障率高、准确度低;
　　　6. 应用软件经常出现故障;
　　　7. 因采集量不够或功能不满足要求,需要升级;
　　　8. 有其他影响安全运行的重大缺陷。
四类:1. 系统可靠性差,无法正常运行;
　　　2. 系统功能存在严重故障;
　　　3. 现地控制单元等主要设备有严重的缺陷,并威胁安全运行;
　　　4. 执行元件误动作率高;
　　　5. 传感器故障率高;
　　　6. 应用软件无法正常运行;
　　　7. 属淘汰产品,性能下降,维修恢复困难

8.4.25 主机组温、湿度仪表柜等级评定表

表99 主机组温、湿度仪表柜等级评定表

设备名称		制造厂家		安装时间	
设备型号		安装地点		投运时间	

评级项目	评定内容及标准	检查结果		项目等级	备注
		合格	不合格		
△一、柜体及外观	1. 表面清洁、柜体密封严密、油漆完整、无变形				
	2. 柜内整洁、无积垢、无小动物痕迹、电缆进出孔封板完整				
△二、端子接线	1. 二次接线排列整齐,接线牢固可靠				
	2. 端子标号、电缆标牌清晰完整				
	3. 柜体接地良好				
	4. 柜内设备工作正常				
三、技术资料	资料齐全				
评定结果	共检查___项目,其中一类___项,二类___项,三类___项,四类___项				

评级说明	单元评定等级
一类:△项必须合格,且不存在其他影响设备正常运行的问题。 二类:△单元项不能完全达到标准但不影响随时投入运行。 三类:1. 系统可靠性低、故障率高; 　　　2. 信息采集、设备控制、数据通信等功能存在重大缺陷; 　　　3. 控制计算机、服务器、现地控制单元等主要设备性能不稳定; 　　　4. 执行元件动作不可靠; 　　　5. 传感器故障率高、准确度低; 　　　6. 应用软件经常出现故障; 　　　7. 因采集量不够或功能不满足要求,需要升级; 　　　8. 有其他影响安全运行的重大缺陷。 四类:1. 系统可靠性差,无法正常运行; 　　　2. 系统功能存在严重故障; 　　　3. 控制计算机、服务器、现地控制单元等主要设备有严重的缺陷,并威胁安全运行; 　　　4. 执行元件误动作率高; 　　　5. 传感器故障率高; 　　　6. 应用软件无法正常运行; 　　　7. 属淘汰产品,性能下降,维修恢复困难	

8.4.26 机组振动监测柜等级评定表

表 100 机组振动监测柜等级评定表

设备名称		制造厂家		安装时间		
设备型号		安装地点		投运时间		
评级项目	评定内容及标准	检查结果		项目等级	备注	
		合格	不合格			
△一、柜体及外观	1. 表面清洁、柜体密封严密、油漆完整、无变形					
	2. 柜内整洁、无积垢、无小动物痕迹、电缆进出孔封板完整					
△二、端子接线	1. 二次接线排列整齐,接线牢固可靠					
	2. 端子标号、电缆标牌清晰完整					
	3. 柜体接地良好					
	4. 柜内设备工作正常					
三、技术资料	资料齐全					
评定结果	共检查___项目,其中一类___项,二类___项,三类___项,四类___项					

评级说明	单元评定等级
一类:△项必须合格,且不存在其他影响设备正常运行的问题。 二类:△单元项不能完全达到标准但不影响随时投入运行。 三类:1. 系统可靠性低、故障率高; 　　　2. 信息采集、设备控制、数据通信等功能存在重大缺陷; 　　　3. 控制计算机、服务器、现地控制单元等主要设备性能不稳定; 　　　4. 执行元件动作不可靠; 　　　5. 传感器故障率高、准确度低; 　　　6. 应用软件经常出现故障; 　　　7. 因采集量不够或功能不满足要求,需要升级; 　　　8. 有其他影响安全运行的重大缺陷。 四类:1. 系统可靠性差,无法正常运行; 　　　2. 系统功能存在严重故障; 　　　3. 控制计算机、服务器、现地控制单元等主要设备有严重的缺陷,并威胁安全运行; 　　　4. 执行元件误动作率高; 　　　5. 传感器故障率高; 　　　6. 应用软件无法正常运行; 　　　7. 属淘汰产品,性能下降,维修恢复困难	

8.4.27 测流柜等级评定表

表 101 测流柜等级评定表

设备名称		制造厂家		安装时间		
设备型号		安装地点		投运时间		
评级项目	评定内容及标准	检查结果		项目等级	备注	
		合格	不合格			
一、柜体外观	1. 表面清洁、油漆防护完好、表面无破损					
	2. 柜体密封,满足防小动物要求					
△二、设备元器件	1. 柜内元器件工作稳定、可靠					
	2. 出口继电器动作正常					
	3. 端子回路排列整齐,接线桩头紧固、标号正确					
	4. 熔断器配置符合规范要求					
	5. 与上位机通信畅通					
	6. 仪表、信号灯、触摸屏等显示准确					
三、标示标牌	设备铭牌及电缆标牌标示正确清楚					
△四、接地绝缘	柜体绝缘良好,接地电阻符合规程要求					
五、技术资料	资料完整,图纸齐全,与现场实际情况相符					
评定结果	共检查___项目,其中一类___项,二类___项,三类___项,四类___项					
评级说明				单元评定等级		

一类:△项必须合格,且不存在其他影响设备正常运行的问题。
二类:△项不能完全达到标准但不影响随时投入运行。
三类:1. 系统可靠性低、故障率高;
  2. 信息采集、设备控制、数据通信等功能存在重大缺陷;
  3. 现地控制单元等主要设备性能不稳定;
  4. 执行元件动作不可靠;
  5. 传感器故障率高、准确度低;
  6. 应用软件经常出现故障;
  7. 因采集量不够或功能不满足要求,需要升级;
  8. 有其他影响安全运行的重大缺陷。
四类:1. 系统可靠性差,无法正常运行;
  2. 系统功能存在严重故障;
  3. 现地控制单元等主要设备有严重的缺陷,并威胁安全运行;
  4. 执行元件误动作率高;
  5. 传感器故障率高;
  6. 应用软件无法正常运行;
  7. 属淘汰产品,性能下降,维修恢复困难

8.4.28 视频监视系统等级评定表

表 102 视频监视系统等级评定表

设备名称		制造厂家		安装时间		
设备型号		安装地点		投运时间		
评级项目	评定内容及标准	检查结果 合格	检查结果 不合格	项目等级	备注	
△一、摄像机	1. 视频摄像机图像质量较好、色彩清晰、无干扰					
	2. 摄像机控制云台转动灵活,无明显卡阻现象					
	3. 摄像机焦距调节灵活可靠					
	4. 摄像机防护罩清洁,无破损、老化现象					
	5. 固定摄像机的支架或杆塔无锈蚀损坏					
二、录像机	硬盘录像机硬盘容量符合要求(可存储10天以上图像)					
△三、视频监视器	1. 已设置录像状态,可在客户端远程调用历史录像查询					
	2. 视频监视器(电视、大屏幕投影机等)外观清洁,图像清晰、色彩还原正常,无干扰					
	3. 视频监视系统防雷设施完好,接地电阻等符合规程要求					
△四、柜体外观	机柜清洁,网络交换机、光纤收发器等工作正常,网络通畅					
△五、软件	1. 系统内装有杀毒软件,且随时保持更新					
	2. 根据用户角色设置不同的访问权限					
	3. 视频管理计算机安装客户端软件且工作正常					
六、技术资料	图纸、系统测试资料齐全					
评定结果	共检查___项目,其中一类___项,二类___项,三类___项,四类___项					

评级说明	单元评定等级
一类:△项必须合格,且不存在其他影响设备正常运行的问题。 二类:△单元项不能完全达到标准但不影响随时投入运行。 三类:1. 系统可靠性低、故障率高; 　2. 图像采集、球机控制、数据通信等功能存在重大缺陷; 　3. 应用软件经常出现故障; 　4. 因采集量不够或功能不满足要求,需要升级; 　5. 有其他影响安全运行的重大缺陷。 四类:1. 系统可靠性差,无法正常运行; 　2. 系统功能存在严重故障; 　3. 主要设备有严重的缺陷,并威胁安全运行; 　4. 执行元件误动作率高; 　5. 摄像机故障率高; 　6. 应用软件无法正常运行; 　7. 属淘汰产品,性能下降,维修恢复困难	

8.4.29 真空破坏阀等级评定表

表 103 真空破坏阀等级评定表

设备名称		制造厂家		安装时间		
设备型号		安装地点		投运时间		
评定项目	评定内容及标准	检查结果		项目等级	备注	
		合格	不合格			
真空破坏阀	△阀体密封严密、无泄漏					
	△限位开关位置正确					
	△电磁阀工作正常					
	△手动阀能正常开启					
	△接线正确牢固					
	表面整洁,无污水积尘					
	资料完整,图纸齐全且与现场实际相符					
评级结果	共检查___项目,其中一类___项,二类___项,三类___项,四类___项					
评级说明				单元评定等级		

一类:△项均满足一类标准,且其他项无三类。
二类:△项不能完全达到标准但不影响机组随时投入运行。
三类:有下列情况之一:
  1. 功能及主要性能指标不满足泵站安全运行要求,不能随时投入;
  2. 主要零部件有严重缺陷;
  3. 动作不灵敏、可靠性差、漏气严重;
四类:达到三类标准,且有下列情况之一:
  1. 经过大修、技术改造或更换元器件等技术措施仍不能满足泵站运行安全、技术、经济要求或修复不经济的;
  2. 整体技术状态差					

8.4.30 闸门、拍门等级评定表

表104 闸门、拍门等级评定表

设备名称		制造厂家		安装时间	
设备型号		安装地点		投运时间	

评定项目	评定内容及标准	检查结果		项目等级	备注
		合格	不合格		
△一、门体	1. 闸门及吊耳(门铰)、门槽结构完整,强度及尺寸满足设计要求				
	2. 焊缝满足国家标准要求				
	3. 门体和门槽平整、无变形				
二、防腐蚀	表面防腐符合要求				
△三、止水及锁定装置	1. 止水装置完好,止水严密				
	2. 锁定装置工作可靠				
	3. 启闭无卡阻,整体行走平稳、无振动				
四、技术资料	图纸、工程等资料齐全				
评级结果	共检查___项目,其中一类___项,二类___项,三类___项,四类___项				

评级说明	单元评定等级

一类:△项必须合格,且不存在其他影响设备正常运行的问题。
二类:△项不能完全达到标准但不影响随时投入运行。
三类:有下列情况之一:
  1. 门体及吊耳(门铰)、门槽锈蚀、变形、破损严重,强度或尺寸不满足要求;
  2. 焊缝不满足国家现行相关标准要求;
  3. 不能正常启、闭,卡阻严重;
  4. 锁定装置、缓冲装置失效,严重影响闸门、拍门的安全使用;
  5. 存在其他影响安全运行的重大缺陷。
四类:达到三类标准,且有下列情况之一:
  1. 经过加固改造等技术措施仍不能满足泵站运行安全、技术、经济要求或修复不经济的;
  2. 整体技术状态差	

8.4.31 水轮发电机组等级评定表

表 105　水轮发电机组等级评定表

设备名称		制造厂家		安装时间		
设备型号		安装地点		投运时间		
评定项目	评定内容及标准	检查结果		项目等级	备注	
		合格	不合格			
调速器	△1. 调节灵活、限位可靠、无异常声响					
	△2. 开度指示正确					
	3. 机构表面清洁、无油迹					
水轮机轴	△1. 轴颈表面无锈蚀,无擦伤、碰痕					
	△2. 轴颈光洁度符合要求,无过度磨损					
	△3. 大轴无弯曲					
联轴器	△1. 间隙符合要求					
	△2. 联轴器表面清洁、无油迹,周围环境清洁、泵盖处无积水					
填料函	△1. 填料函与水轮机轴四周间隙均匀,符合要求					
	△2. 填料函密封良好					
水导轴承	△轴承间隙符合要求					
水轮机外壳	1. 表面清洁、无锈蚀					
	△2. 无渗漏					
叶轮室	△1. 叶轮头密封良好,无损坏、无渗漏					
	△2. 叶片及叶轮外壳无或有少量气蚀					
	△3. 叶片无碰壳现象,间隙符合要求					
指示信号装置	△1. 压力表、示流计工作正常,指示准确					
	△2. 表计端子及连接线紧固、可靠					
运行性能	△1. 运行噪声符合要求					
	△2. 运行振动符合要求					
	△3. 运行摆度符合要求					

表 105 水轮发电机组等级评定表(续)

评定项目	评定内容及标准	检查结果		项目等级	备注
		合格	不合格		
安装要求	△同心、摆度、中心、间隙、水平、高程等安装技术参数合格				
技术资料	1. 图纸资料齐全				
	2. 检修资料、检修记录齐全				
	3. 试验资料齐全				
评级结果	共检查___项目,其中一类___项,二类___项,三类___项,四类___项				

评级说明	单元评定等级
一类:△项均满足一类标准,且其他项无三类。 二类:△项不能完全达到标准但不影响机组随时投入运行。 三类:满足不了二类或具有下列情况之一者: 　1. 故障率高,不能保证随时投入运行; 　2. 运行不正常,主要性能指标较差或大幅度下降; 　3. 过流部件气蚀、磨损、锈蚀剥落严重; 　4. 转动部件和固定部件之间间隙不满足要求,发生卡阻、碰壳等现象; 　5. 运行不稳定,振动、噪声、摆度和轴承温度等不满足规范要求; 　6. 主要零部件变形、损坏、锈蚀严重,结合面漏水严重; 　7. 电气试验结果不符合相关国家现行标准的规定,且经常规处理仍不能满足要求; 　8. 主要零部件变形、损坏,定转子铁芯、线圈松动,绝缘老化严重; 　9. 存在有其他影响安全运行的重大缺陷。 四类:达到三类标准,且有下列情况之一: 　1. 经过大修、技术改造或更换元器件等技术措施仍不能满足泵站运行安全、技术、经济要求或修复不经济的; 　2. 整体技术状态差; 　3. 性能下降,维修恢复困难	

8.5 建筑物等级评定

8.5.1 建筑物等级评定汇总表

表 106　建筑物等级评定汇总表

编号	建筑物名称	评定等级
1	主泵房	
2	进(出)水池	
3	流道(管道)	
4	涵闸	
5		
6		
7		
8		
9		
10		
11		
12		

单位负责人：　　　　　　技术负责人：　　　　　　检查人员：

8.5.2 主泵房等级评定表

表 107　主泵房等级评定表

设计单位		施工单位			投运时间		
评级项目	评定内容及标准			检查结果		项目等级	备注
				合格	不合格		
主泵房	1. 结构完整,满足整体稳定要求,在泵站设计范围内,均能安全运行						
	2. 基础变形及不均匀沉陷满足要求						
	3. 钢筋混凝土结构强度满足要求,砌体完整						
	4. 混凝土轻微碳化						
	5. 钢筋混凝土结构钢筋保护层厚度满足要求						
	6. 钢筋混凝土结构中钢筋无锈蚀或轻微锈蚀,锈蚀率满足要求						
	7. 各构件完好,无明显裂缝、缺损、渗漏等缺陷						
	8. 门窗完好,通风、散热、保温条件良好						
	9. 观测设施齐全,满足要求						
评定结果	共检查___项目,其中一类___项,二类___项,三类___项,四类___项						

评级说明	单元评定等级
一类建筑物:应满足上述所有要求。 二类建筑物:符合一类泵房的 1 至 6 条,且有下列情况之一: 　1. 墙体剥落,构件存在轻微裂缝、缺损、渗漏等缺陷; 　2. 门窗局部破损,通风、散热、保温条件较差; 　3. 观测设施缺失或损毁。 三类建筑物:有下列情况之一: 　1. 基础变形,沉陷较为严重,但不影响泵站安全运行; 　2. 上部梁柱结构强度不满足安全要求,屋面渗水、门窗破损、墙体开裂严重; 　3. 混凝土碳化严重,不满足要求; 　4. 混凝土结构存在裂缝、缺损、渗漏等缺陷,但通过加固改造能满足要求。 四类建筑物:有下列情况之一: 　1. 不满足整体稳定要求; 　2. 底板、水泵梁、电机梁和泵房排架等主要结构强度不满足要求; 　3. 对于分基型泵房,砌体裂缝、倾斜、破损、渗水严重,屋面结构简陋,漏水、破损严重	

8.5.3 进出水池等级评定表

表 108 进出水池等级评定表

<table>
<tr><td>设计单位</td><td colspan="2"></td><td>施工单位</td><td></td><td>投运时间</td><td colspan="3"></td></tr>
<tr><td rowspan="2">评级项目</td><td colspan="4" rowspan="2">评定内容及标准</td><td colspan="2">检查结果</td><td rowspan="2">项目等级</td><td rowspan="2">备注</td></tr>
<tr><td>合格</td><td>不合格</td></tr>
<tr><td rowspan="7">进水池</td><td colspan="4">1. 几何尺寸符合要求,水流流态较好</td><td></td><td></td><td rowspan="7"></td><td rowspan="7"></td></tr>
<tr><td colspan="4">2. 结构完整,满足整体稳定要求</td><td></td><td></td></tr>
<tr><td colspan="4">3. 防渗、反滤设施技术状况良好</td><td></td><td></td></tr>
<tr><td colspan="4">4. 变形及不均匀沉陷满足要求</td><td></td><td></td></tr>
<tr><td colspan="4">5. 混凝土结构强度、碳化深度、钢筋保护层厚度以及钢筋锈蚀率满足要求</td><td></td><td></td></tr>
<tr><td colspan="4">6. 砌体完好</td><td></td><td></td></tr>
<tr><td colspan="4">7. 观测设施齐全,满足要求</td><td></td><td></td></tr>
<tr><td rowspan="7">出水池</td><td colspan="4">1. 几何尺寸符合要求,水流流态较好</td><td></td><td></td><td rowspan="7"></td><td rowspan="7"></td></tr>
<tr><td colspan="4">2. 结构完整,满足整体稳定要求</td><td></td><td></td></tr>
<tr><td colspan="4">3. 防渗、反滤设施技术状况良好</td><td></td><td></td></tr>
<tr><td colspan="4">4. 变形及不均匀沉陷满足要求</td><td></td><td></td></tr>
<tr><td colspan="4">5. 混凝土结构强度、碳化深度、钢筋保护层厚度以及钢筋锈蚀率满足要求</td><td></td><td></td></tr>
<tr><td colspan="4">6. 砌体完好</td><td></td><td></td></tr>
<tr><td colspan="4">7. 观测设施齐全,满足要求</td><td></td><td></td></tr>
<tr><td>评定结果</td><td colspan="8">共检查___项目,其中一类___项,二类___项,三类___项,四类___项</td></tr>
<tr><td colspan="6">评级说明</td><td colspan="3">单元评定等级</td></tr>
<tr><td colspan="6">一类建筑物:应满足上述所有要求。
二类建筑物:符合一类进出水池的 1 至 3 条,且有下列情况之一:
1. 混凝土结构强度满足要求,有轻微的碳化、破损、露筋等现象;
2. 砌体结构局部有松动、有少量细微裂缝及轻微不均匀沉降;
3. 观测设施缺失或损毁。
三类建筑物:有下列情况之一:
1. 部分结构发生不均匀沉陷;
2. 防渗、反滤设施损坏较为严重;
3. 混凝土碳化及露筋锈蚀严重,局部有破损和裂缝;
4. 砌体有松动、冲刷、坍塌等现象。
四类建筑物:有下列情况之一:
1. 几何尺寸不符合要求,水流流态差;
2. 结构变形、倾斜、不均匀沉陷严重;
3. 防渗、反滤设施损坏及渗透变形严重,不能满足安全运行要求;
4. 主要结构混凝土强度不能满足要求;
5. 砌体有大面积的松动、冲刷、坍塌等现象</td><td colspan="3"></td></tr>
</table>

8.5.4 流道(管道)等级评定表

表 109 流道(管道)等级评定表

设计单位		施工单位			投运时间		
评级项目	评定内容及标准		检查结果			项目等级	备注
			合格	不合格			
进水流道（管道）	1. 技术状态完好,满足过流及流态要求						
	2. 结构完好,无明显错位、裂缝、缺损、渗漏等缺陷						
	3. 混凝土结构强度、碳化深度、钢筋保护层厚度以及钢筋锈蚀率满足要求						
	4. 过流面光滑,蚀坑较少,水利损失小						
	5. 管坡、管床、镇墩、支墩结构完整,无明显裂缝及不均匀沉陷						
出水流道（管道）	1. 技术状态完好,满足过流及流态要求						
	2. 结构完好,无明显错位、裂缝、缺损、渗漏等缺陷						
	3. 混凝土结构强度、碳化深度、钢筋保护层厚度以及钢筋锈蚀率满足要求						
	4. 过流面光滑,蚀坑较少,水利损失小						
	5. 管坡、管床、镇墩、支墩结构完整,无明显裂缝及不均匀沉陷						
评定结果	共检查___项目,其中一类___项,二类___项,三类___项,四类___项						

评级说明	单元评定等级
一类建筑物:应满足上述所有要求。 二类建筑物:符合一类流道(管道)的1、2条,且有下列情况之一: 1. 混凝土结构强度满足要求,有轻微的碳化、破损、露筋等现象; 2. 过流面局部有轻微破损,局部有蚀坑; 3. 管坡、管床、镇墩、支墩有轻微沉陷、裂缝,但不影响安全运行,管道有轻微移位、少量渗水。 三类建筑物:有下列情况之一: 1. 局部有裂缝、破损、错位和漏水(漏气)现象; 2. 混凝土碳化、钢筋锈蚀、露筋较严重,但强度满足要求; 3. 管坡、管床、镇墩、支墩变形和沉陷较严重,但通过加固改造能满足要求。 四类建筑物:有下列情况之一: 1. 几何尺寸不符合要求,流态差,并严重影响机组正常运行; 2. 结构强度不满足要求; 3. 基础变形、不均匀沉陷较大,错位、裂缝及渗漏水严重,不能满足安全要求; 4. 管坡、管床、镇墩、支墩变形及不均匀沉陷严重,通过加固难以修复; 5. 管道破损、露筋,内表面冲蚀严重	

8.5.5 涵闸等级评定表

表 110 涵闸等级评定表

设计单位		施工单位		投运时间		
评级项目	评定内容及标准	检查结果		项目等级	备注	
		合格	不合格			
涵闸	1. 技术状态完好,过流能力及消能防冲满足要求					
	2. 结构完整,满足整体稳定要求,在设计范围内均能安全运行					
	3. 基础变形及不均匀沉陷满足要求					
	4. 混凝土结构强度、碳化深度、钢筋保护层厚度以及钢筋锈蚀率满足要求					
	5. 主体结构无明显裂缝、破损、渗漏等缺陷					
	6. 上下游翼墙及护坡完好					
	7. 启闭机室墙体及门窗完好,无漏水和渗水现象					
	8. 观测设施满足要求					
评定结果	共检查___项目,其中一类___项,二类___项,三类___项,四类___项					

评级说明	单元评定等级
一类建筑物:应满足上述所有要求。 二类建筑物:符合一类涵闸的1至3条,且有下列情况之一: 　1. 混凝土结构强度满足要求,局部有碳化、破损、露筋等现象; 　2. 构件存在轻微裂缝、缺损、渗漏等缺陷; 　3. 上下游翼墙及护坡结构局部有松动、裂缝及沉陷等现象,但不影响过流和安全运行; 　4. 启闭机室门窗局部破损,墙体存在局部剥落、裂缝、渗水等缺陷; 　5. 观测设施缺失或损毁。 三类建筑物:有下列情况之一: 　1. 基础变形、沉陷较为严重,但不影响安全运行; 　2. 混凝土碳化严重,不满足要求; 　3. 混凝土结构存在裂缝、缺损、渗漏等缺陷,但通过加固改造能满足要求; 　4. 消能防冲或防渗不满足要求; 　5. 上下游翼墙及护坡存在较严重的沉陷、错位、裂缝或垮塌等缺陷; 　6. 启闭机室屋面渗水、门窗破损、墙体开裂严重。 四类建筑物:有下列情况之一: 　1. 过流能力不满足要求; 　2. 整体稳定不满足要求; 　3. 主体结构强度不满足要求; 　4. 存在其他严重威胁安全运行的缺陷	

9 工程观测

工程观测填表说明：

（1）本章表格适用于江苏南水北调泵站工程观测成果编制。

（2）各工程观测数据应在满足误差允许范围后填写。

（3）观测成果按下列程序进行校核：①表格编制人员对已制成的表格按《南水北调东、中线一期工程运行安全监测技术要求（试行）》等规范进行自检，并在自检无误后签字；②自检合格后，交于一校检查并签字；③一校校核无误后，由计算、一校以外的第三者进行二校；④二校校核无误并签字后，汇入资料整编评审。

（4）一校、二校检查包括下列内容：①检查观测成果是否真实、齐全；②检查观测成果是否满足规程规范的规定。

9.1 水平位移观测成果表

9.1.1 基本要求

本表（表 111）适用于编制水平位移成果时填写。

9.1.2 定义与术语

（1）始测日期：埋设后首次观测的时间。

（2）上次观测日期：上次水平位移观测的时间。

（3）本次观测日期：本次水平位移观测的时间。

（4）测点部位编号：观测标点应自上游至下游、从左到右顺时针方向编号，底板部位以×-×表示，其中前一个×表示底板号，后一个×表示标点号。部位填写标点所在部位，编号填写标点编号。

（5）间隔历时：上次水平位移观测日期减本次水平位移观测日期的天数。

（6）累计历时：始测日期减本次水平位移观测日期的天数。

（7）间隔位移量：上次水平位移观测值减本次水平位移观测值。

（8）累计位移量：始测水平位移观测值减本次水平位移观测值。

（9）水平位移量以向下游为正，向上游为负，向左岸为正，向右岸为负。

9.1.3 填表说明

（1）编制、一校、二校应于表单尾部签名，字迹要工整、清晰。

（2）位移量数据保留 1 位小数，单位 mm。

表 111　水平位移观测成果表

始测日期		上次观测日期		本次观测日期		历时	天
部位	标点编号	历时（日）		间隔位移量（mm）		累计位移量（mm）	
		间隔	累计				

9.2 测压管水位统计表

9.2.1 基本要求

本表(表112)适用于测压管水位统计时填写。

9.2.2 术语与定义

(1)观测时间:该次测压管水位观测时间,精确到"分"。"月、日、时、分"均以两位阿拉伯数字填写,位数不足首端补"0"。

(2)上游水位:该次观测时间对应的上游水位。

(3)下游水位:该次观测时间对应的下游水位。

(4)测压管水位:第一行为测压管编号,水闸、泵站底板部位用三位阿拉伯数码编写,前二位表示所在底板(底板编号不足两位时,第一位为0),第三位数字为同一组测压管自上游至下游的排列顺序号,岸、翼墙的测压管分别按□□□××形式编写,□□□注明左(右)岸或上(下)左(右)翼,第一位数字表示分段,第二位数字表示该管号。第二行开始为历次测压管观测时间对应的测压管水位。

9.2.3 填表说明

(1)编制、一校、二校应于表单尾部签名,字迹要工整、清晰。

(2)水位数据保留2位小数,单位m。

表 112   测压管水位统计表

观测时间				水位(m)		测 压 管 水 位（m）					
月	日	时	分	上游	下游	（底板011）	（底板012）	…			

9.3 伸缩缝观测成果表

9.3.1 基本要求

本表(表113)适用于编制伸缩缝观测成果时填写。

9.3.2 术语与定义

(1)始测日期:首次观测伸缩缝时间。

(2)上次观测日期:上次伸缩缝观测时间。

(3)本次观测日期:本次伸缩缝观测时间。

(4)间隔天数:上次观测日期至本次伸缩缝观测日期的日历天数。

(5)编号:水闸、泵站相邻底板用三位阿拉伯数码编写,前二位表示所在相邻底板(底板编号不足两位时,第一位为0),第三位数字为同一组测压管自上游至下游的排列顺序号。

(6)始测数据:首次伸缩缝观测数据。

(7)上次观测数据:上次观测伸缩缝观测数据。

(8)本次观测数据:本次观测伸缩缝观测数据。

(9)间隔变化量:本次观测数据和上次观测数据的差值。

(10)累计变化量:本次观测数据和首次观测数据的差值。

(11)气温:本次观测伸缩缝时的温度。

(12)水位:本次观测伸缩缝时对应的上下游水位。

(13)伸缩缝观测值开合方向以张开为正,闭合为负。

9.3.3 填表说明

(1)编制、一校、二校应于表单尾部签名,字迹要工整、清晰。

(2)始测、上次观测、本次观测、间隔变化量、累计变化量保留1位小数,单位mm。

(3)气温保留1位小数,单位℃。

(4)上下游水位保留2位小数,单位m。

表 113　伸缩缝观测成果表

编号	位置	始测（mm）	上次观测（mm）	本次观测（mm）	间隔变化量（mm）	累计变化量（mm）	气温（℃）	上游水位（m）	下游水位（m）
始测日期			上次观测日期		本次观测日期		间隔天数		

10 工程设备台账,养护、维修项目记录

10.1 设备台账(装订成册,可增加目录页)

南水北调江苏水源公司

＊＿＿＊站设备台账

设备名称:＿＿＿＿＿＿＿＿＿＿＿

设备责任人:＿＿＿＿＿＿＿＿＿＿

南水北调江苏水源公司＊＿＿＊站管理所

＿＿＿＿＿年

表 114 主要技术参数

设备名称				
主要参数	型　　号		生产日期	
	额定电压		额定电流	
	额定频率		防护等级	
	……		……	
	……		……	
	生产厂家			
装设地点				
安装单位				
投运时间				
其他主要参数				

表 115　设备内主要元器件

序号	名称	型号	生产厂家	备注
1				
2				
3				
4				
5				
6				
7				
8				
9				
10				
11				
12				
13				
14				

表 116　电气试验记录

序号	试验时间	试验内容	试验人员或单位	试验结论
1				
2				
3				
4				
5				
6				
7				
8				
9				
10				
11				
12				
13				
14				

表 117　检查、维修记录

序号	检查、维修项目名称	检查时间	检查人	维修时间	维修人	维修结果
1						
2						
3						
4						
5						
6						
7						
8						
9						
10						
11						
12						
13						
14						

表 118　设备大修记录

大修周期		上次大修时间	
本次大修性质		本次大修时间	
技术负责人		大修资料档案编号	
本 次 大 修 原 因			
大 修 主 要 内 容			
修 后 效 果			

表 119　设备等级评定记录

序号	评定时间	评定等级	备　注
1			
2			
3			
4			
5			
6			
7			
8			
9			
10			
11			
12			
13			
14			

表 120　设备照片档案

照片 1	照片 2
文字说明：	
照片 1	照片 2
文字说明：	

表 121 设备维修照片档案

照片 1	照片 2
文字说明：	
照片 1	照片 2
文字说明：	

10.2 养护项目管理卡

江苏南水北调工程养护项目管理卡

工程名称：＿＿＿＿＿＿＿＿＿＿＿＿＿

养护年度：＿＿＿＿＿＿＿＿＿＿＿＿＿

分公司：＿＿＿＿＿＿＿＿＿＿＿＿＿＿

现场管理单位负责人：＿＿＿＿＿＿＿

验收时间：＿＿＿＿＿＿＿＿＿＿＿＿＿

现场管理单位(盖章)

填 写 说 明

1. 为了规范和加强江苏南水北调工程养护项目管理,养护项目须按工程建立"养护项目管理卡",并按要求对养护项目实施情况进行认真填写。分公司、现场管理单位各留存一份,归入工程管理档案长期保存。

2. 季度养护项目实施计划由现场管理单位在前一季度最后一个月 20 日前编制完成并上报分公司;分公司在前一季度最后一个月 30 日前完成审核批复。审批可以采用审批表或公文的形式。

3. 现场管理单位在每季度末应对本季进行的养护工作进行阶段总结,包括实施的主要养护工作情况、工程状况及主要问题、养护经费支出等情况。总结须由现场管理单位负责人和技术负责人共同签字。

4. 工程养护编号按"工程简称—年份—养护序号"格式进行统一编号,例如泗洪站为:SHZ—2020—001、SHZ—2020—002……。

5. 分公司应组织对工程的年度养护情况进行完工验收,对养护工作作出综合评价,现场管理单位按要求将"养护项目管理卡"及时归档。

6. 填写"养护项目管理卡"须认真规范,签名一律采用黑色墨水笔。

目　录

1. ×季度工程养护
1.1 ×××工程×季度养护实施方案审批表
（××××年）

_____分公司：

我单位已制定了_____年第____季度（批）养护项目实施方案,项目预算经费合计_____元,请予审查批准。

附件:1.×季度计划汇总表
      2. 养护项目实施方案

现场管理单位（盖章）
年   月   日

审批单位部门意见：

审批单位领导意见：

1.2 ×季度养护方案汇总表

序号	项目编号	项目名称	金额（元）	实施内容	实施时间	备注
1		××站变压器室室修缮	****.**	破损门窗更换、屋面漏雨处理等		
2		供排水泵维护保养	****.**			
3		站区排水管维修	****.**			
4		××闸机电设备养护	****.**			
5		管理所砖砌围墙修补	****.**			
合 计			****.**			

编制：————　　　　　　　　　　审核：————

1.2.1 X季度养护项目预算

序号	定额编号	养护项目名称	规格型号	单位	数量	经费（元）		备注
						单价	复价	
合　计								

编制：_____　　审核：_____

备注：如果是参考定额编制项目预算，则不用本表。项目预算按定额中的表式编，按照季度汇总养护预算。

185

1.3 ×季度养护工作总结

(××××年)

工程养护总结主要包括实施的主要养护工作情况、工程状况及主要问题、养护经费支出等情况。

现场管理单位负责人(签字)：　　　　　　　　　　　　　　　技术负责人(签字)：

1.4 ×季度养护项目完成情况汇总表

（××××年）

序号	项目编号	项目名称	金额（元）	主要实施内容	完成时间	备注
1		××站变压器室零星修缮				
2		供排水泵维护保养				
3		安全警示牌制作				
4		站区排水管维修				
5		××闸启闭机房维修				
6		设备铭牌及制度牌制作安装				
7		管理所砖砌围墙修补				
	合计					

编制：＿＿＿＿＿＿＿＿＿＿＿＿＿＿　　　　　　　　审核：＿＿＿＿＿＿＿＿＿＿＿＿＿＿

备注：备注中应说明按期完成、滞后、增加项目、取消项目。

1.4.1　×季度养护项目决算表

现场管理单位(盖章)

序号	项目名称	单位	数量	经费(元)		备注
				单价	复价	
合　计						

编制：＿＿＿＿＿＿＿　　　　　　　　　　　　　审核：＿＿＿＿＿＿＿

2. 验收申请表

_____分公司:
　　××××年度养护项目已按计划全部完成,工程质量自检合格,工程决算已经编制完成,验收资料已准备就绪,现申请验收。

现场管理单位(盖章)
年　　月　　日

　附件:1. 年度养护工作总结
　　　　2. 年度决算和总结

分公司意见:

年　　月　　日

3. 验收意见

一、养护项目自评意见：

现场管理单位负责人(签字)：   技术负责人(签字)：

二、养护项目验收意见：

可另附验收纪要或验收报告

验收负责人：

年   月   日

×××工程××年度养护项目验收组签字表

年　　月　　日

序号	姓名	工 作 单 位	职 务 职 称	签 名

4. 附件

项目完工后,需将以下资料(如有)作为附件装订在养护项目管理卡中备查,主要包括:

1. 项目下达批复文件;

2. 招投标、比价或单一来源采购等资料;

3. 实施单位报价表;

4. 各类合同协议文本;

5. 工程量清单;

6. 图纸;

7. 图片音像(工程实施前、过程中、完工后图片);

8. 质量检验记录;

9. 工程款支付证书;

10. 验收纪要或验收报告;

11. 主要产品、材料、设备说明书、质保书;

12. 其他资料。

江苏南水北调工程维修项目××月实施情况统计表

单位（部门）：　　　　　　　　　　　　　　　　　填表时间：　　年　　月　　日

序号	项目名称	现场管理单位	项目负责人	项目实施单位	项目实施负责人	批复资金（万元）	计划完成时间（完成时间）	项目完成情况	合同经费（万元）	分公司已支付的经费（万元）	是否在进度计划内完成	滞后原因	相应赶工措施
（一）	已完成项目												
	……												
（二）	正在实施项目												
	……												
（三）	暂未实施项目												
	……												

备注：×××分公司×××年维修项目×××项，批复金额×××万元；已实施完成×××项，正在实施×××项，暂未实施项目××项，累计已支付金额××万元。

××片工程机组大修工作周报表

单位(部门):×××分公司

填表时间:××××年××月××日

工作内容	工作计划	截至月周工作情况	进度偏差及原因分析	月周工作计划
×××站×#主机组大修				

分公司负责人:　　　　　　项目负责人:　　　　　　编制:

附件:(附现场施工情况照片)

10.3　维修项目管理卡

项目编号：

江苏南水北调工程维修项目管理卡

项目名称：应与公司、分公司批复经费计划项目名称一致

批准文号：公司、分公司经费计划的批复

分公司：

项目实施单位：具体承担维修任务的单位

项目负责人：现场管理单位的项目负责人

验收时间：

现场管理单位（盖章）

填　写　说　明

1. 为了规范和加强江苏南水北调工程维修项目管理,工程维修项目从实施准备起应按项目建立"维修项目管理卡"。项目管理卡由现场管理单位负责填写与整编,项目管理卡一式两份,分公司、现场管理单位各留存一份,归入工程管理档案长期保存。

2. 项目编号按"工程简称—维修—年份—维修序号"格式进行统一编号,例如泗洪站为:SHZ—WX—2020—001、SHZ—WX—2020—002……

3. 项目实施方案审批表。按照审批权限确定审批单位,实施方案作为审批表的附件一并上报,项目验收时一并归档备查。项目实施方案审批也可以采用表格或公文形式。

项目实施方案应详细说明项目实施准备情况,包含以下内容:(1)项目概况:工程概况、维修缘由、主要维修内容等;(2)项目组织和建设管理:包括组织机构、质量管理、安全管理、进度管理、资金管理、合同管理、档案管理等;(3)具体实施方案:包括项目实施单位选择、主要施工方法等;(4)施工期间对工程运行的影响及采取的措施等;(5)附件:工程现状照片和招标文件。

4. 项目预算编制。项目预算按水利工程预算定额及现行取费标准、市场信息价格等设备询价方式进行预算编制。

5. 维修项目必须在开工申请批准后方能实施。

6. 项目变更应办理变更手续,填写上报项目变更申请单,批准后方可变更。变更审批也可以采用表格或公文形式。

7. 项目实施情况记录主要记载项目实施过程中的重要事项,包括质量检查记录、安全检查记录。参照《水利工程施工质量检验与评定规范》等相关验收标准进行质量检验,现场管理单位应督促实施单位进行质量自评,填写质量检验记录表,重点加强关键工序、关键部位和隐蔽工程的质量管理工作。采购项目可使用产品合格证等证明资料替代质量检查等记录。如有上级单位检查项目实施情况,需将检查情况与整改情况附后。

8. 项目决算,按照财政部《基本建设项目竣工财务决算管理暂行办法》(财建〔2016〕503号)要求和项目批复文件进行项目财务决算。项目验收之前应该对项目的资金使用情况进行客观评价,有审计报告的应附审计报告。

9. 附件:项目计划下达、实施方案批复文件,招投标文件,技术变更资料,试验、检测、检验、监理资料,质量分项检验记录,第二方检测资料,完工图纸,工程款支付证书,结算表,验收纪要或验收报告,主要产品、材料、设备的技术说明书、质保书,图片音像,资产增加明细清单等与工程实施有关的资料作为管理卡附件全部整理归档。

10. 项目实施方案、完工总结须由项目负责人和技术负责人共同签字。项目预算、项目决算须有编制人和审核人签字。项目验收表须由验收组成员签字,或另附验收报告、验收纪要。

11. 如维修项目的类型为货物采购设施设备或技术服务类,项目管理卡的形式和内容可适当简化。

12. 维修工程项目完成后,现场管理单位应及时申请报验,4月底前,分公司应组织项目验收,验收通过后按要求将"维修项目管理卡"归档。维修养护项目一般应在当年底前实施完成,对未开工的项目,公司将撤销该项目审批。已开工未在年底前完成的,分公司应上报工期调整报告,经公司批复后延期,纳入下一年项目统一管理。

13. 填写"维修项目管理卡"须认真规范,签名一律采用黑色墨水笔。

目　录

备注:电气预防性试验、安全监测、自动化系统维护、绿化养护、供电线路等运维类项目,可省略 2~7 项目,只需提供相应的报告,由分公司组织审查,相关资料放入附件。

1. 项目实施方案审批表

项目编号：

<table>
<tr><td colspan="1">

_____分公司：

  根据<u>　批复文号　</u>批复的_____项目计划及通知要求，我单位已明确_____为项目负责人、_____为技术负责人，并制订了项目实施方案，并编制了项目预算，请予审查批准。

现场管理单位（盖章）
年　　月　　日

附件：1. 项目实施方案
   2. 项目预算
   3. 其他（如招标文件、图纸等）

</td></tr>
<tr><td>

审批单位部门意见：

</td></tr>
<tr><td>

审批单位领导意见：

</td></tr>
</table>

备注：维修项目批复后，填写实施方案审批表。

1.1　项目实施方案

1. 项目概况
1.1　工程概况
1.2　维修缘由
1.3　主要维修内容
2. 项目组织和建设管理
2.1　组织机构
　　项目负责人:×××
　　技术负责人:×××
　　安　全　员:×××
　　档案管理员:×××
2.2　质量管理
　　2.2.1　质量管理责任制:项目负责人对工程质量负总责,技术负责人具体负责质量检查与验收工作。
　　2.2.2　质量检验内容与标准:参照《水利工程施工质量检验与评定规范》,具体执行第_____部分。
　　2.2.3　质量控制点:为了保证作业过程质量而确定的重点控制对象、关键部位或薄弱环节。
2.3　安全管理
　　2.3.1　安全生产责任制:安全员具体负责现场安全检查工作。项目负责人、安全员对施工安全负直接责任。
　　2.3.2　安全控制点:如安全员到位及巡查情况,施工现场安全围护、警示标志等,施工人员安全帽等防护用具,用电安全,机械作业安全。
　　2.3.3　施工期间对工程安全、运行的影响及采取的措施。
2.4　进度管理
　　2.4.1　工程招标:××年×月×日
　　　　　　合同签订:××年×月×日
　　2.4.2　计划开工时间:××年×月×日
　　2.4.3　计划完工时间:××年×月×日
　　2.4.4　计划验收时间:××年×月×日
2.5　资金管理
　　2.5.1　项目批复经费:万元。
　　2.5.2　严格按照南水北调工程有关财务要求,加强财务管理,独立核算,专款专用,不虚列支出。
2.6　合同管理
　　2.6.1　合同管理责任制:合同由单位负责人签订,项目负责人负责合同谈判、支付审核。
　　2.6.2　合同及相关支付审核材料一式二份,分公司与现场管理单位各存一份,互为备查。
2.7　档案管理
　　2.7.1　档案管理责任制:档案员负责工程相关资料的整编归档;技术负责人应将相关质量、安全、合同、招投标以及验收资料等及时移交档案员。工程验收形成2份项目管理卡(含附件),移交1份报分公司备案。
　　2.7.2　质量检查、安全检查、合同、支付、招标、中标资料应为原件存档。
3. 项目实施方案
3.1　项目实施单位选择
　　本项目计划招标,投标单位需具备资质。
3.2　主要施工方法

4. 施工期间对工程运行的影响及采取的措施等
5. 附件
5.1　工程现状照片
5.2　招标文件(如有)
　　现场管理单位(盖章)
　　项目负责人(签字):　　　　　　　　　　　　　　技术负责人(签字):

1.2 项目预算

序号	定额编号	项目名称	规格型号	单位	数量	经费（元）		备注
						单价	复价	
		合　计						

编制：＿＿＿＿　　审核：＿＿＿＿

备注：如果是参考定额编制项目预算，则不用本表。项目预算按定额中的表式编制。

2. 项目开工申请(备案)表

项目编号：

_____现场管理单位或分公司：

　　根据__批复文号__批复的_____项目计划通知要求及项目实施计划审批意见,我们已编制了项目施工组织设计,各项开工准备工作已经完成,现申请于____年____月____日开工,并计划于____年____月____日完工,请予审查批准。

项目实施单位或现场管理单位(盖章)
年　　月　　日

附件:1. 开工准备情况报告
　　　2. 采购、施工合同(如果有)

现场管理单位(盖章)

项目负责人(签字)：　　　　　　　　　　　　　　技术负责人(签字)：

审批单位部门意见：	审批单位领导意见：

备注:对工程运用无重大影响的项目开工申请(备案)表由项目实施单位向现场管理单位提交申请,现场管理单位进行审批,项目、技术负责人签字;对工程运用有重大影响的项目开工申请(备案)表由现场管理单位向分公司提交申请,分公司进行审批,填写部门意见及领导意见。

3. 项目变更申请单

项目编号：

项目名称	
变更事由及内容： 现场管理单位（盖章） 年　　月　　日	
审批单位部门意见：	
审批单位领导意见：	

4. 项目实施情况记录

现场管理单位的管理人员应记录项目实施过程中的主要事件:包括项目采购(招投标)、项目开工、项目合同内容及价格变更、阶段验收、隐蔽工程的验收、上级主管单位检查监督情况、存在问题的整改情况、试运转、技术方案变更以及施工技术难点的处理等,表述应简明扼要,抓住重点。

现场管理单位(盖章)

技术负责人(签字):   记录人(签字):

4.1 质量检查记录

序号	日期	检验内容	检查结果	检验人	备注
1	YYYY. MM. DD	南侧坡面基础			B.3 质量评定表

项目实施单位(盖章)　　　　　　　　　　　　现场管理单位(盖章)

项目负责人(签字):　　　　　　　　　　　　技术负责人(签字):

　　　　　　　　　　年　月　日　　　　　　　　　　　　　　年　月　日

备注:采购类可用产品合格证和到工验收等资料作为附件。

4.2　安全检查记录

检查日期		整改时限	
检查人员（签字）			
存在安全隐患			
整改情况	项目实施单位项目负责人：　　　　　日期：		
复查意见	复查人：　　　　　　　日期：		

备注：本表可以根据需求自行增加。

5. 工程款支付审批表

编号:项目编号 ZF01、02

致:×××分公司

　　现申请支付 ___项目名称___ 第 ___ 次工程款 ×××.×× 元(小写),为人民币(大写)

_____,请审核。

附件:

　　1. 工程款支付明细表

　　2. 工程量报验单(主要项目)

项目实施单位(盖章):

项目经理(签字):

日期:

技术负责人审核意见:

技术负责人(签字):

日　　期:

项目负责人审核意见:

现场管理单位(盖章)

项目负责人(签字):

日　　期:

备注:本表一式三份,分公司和现场管理单位各一份,项目实施单位一份。

本表仅供现场管理单位支付审批使用,后续支付流程按照公司财务审批流程进行。

支付申请流程为:由项目实施单位向现场管理单位申请,经现场管理单位审核后向分公司申请,分公司审核后支付。

5.1 工程计量报验单

编号:项目编号 JL01、02

工程名称			
合同编号		工程量	
分项名称		单位	

编制人		日　期	

现场管理单位审核意见:

现场管理单位(盖章)

技术负责人:
日　　期:

备注:本表由项目实施单位编制,现场管理单位审核。

本表是对已完成的合格项目内容进行计量审核的用表,可按合同工程量清单对应内容填报。

6. 项目验收申请

项目编号：

<table>
<tr><td>
　　_____分公司：

　　根据__批复文号__批复的_____项目已全部完成,工程质量自检合格,工程决算已经编制完成,验收资料已准备就绪,现申请验收。

现场管理单位(盖章)

年　　　月　　　日

附件:1. 项目完工总结
　　　2. 项目决算
</td></tr>
<tr><td>
审批单位部门意见:
</td></tr>
<tr><td>
审批单位领导意见:
</td></tr>
</table>

6.1 项目完工总结

　　项目完工总结应包含以下内容：(1)工程概况(2)完成的主要内容或工程量；(3)项目建设管理情况；(4)项目施工进度情况；(5)施工队伍选择、设备选用以及采购招标情况等；(6)采用的主要施工技术和施工工法；(7)技术方案变更调整情况(如有)；(8)质量控制与管理；(9)安全生产情况；(10)采用的新技术、新工艺、新材料等(如有)；(11)项目合同完成情况；(12)遗留的问题(如有)；(13)维修效果；(14)其他需要说明的情况；(15)附件：完工图纸(如有)。

现场管理单位(盖章)

项目负责人(签字)：　　　　　　　　　　　　　　　　技术负责人(签字)：

6.2　项目决算

现场管理单位(盖章)

序号	项目名称	单位	数量	经费(元)		备注
				单价	复价	
合　计						

编制：_____　　　　　　　　　审核：_____

7. 项目验收表

项目编号：

一、项目实施概况

二、验收结论
可另附验收纪要或验收报告

验收负责人（签字）：

年　　月　　日

_____项目验收组签字表

年　月　日

序号	姓名	工作单位	职务职称	签名

8. 附件

项目完工后,需将项目实施方案、开工申请的相关附件以及以下资料(如有)作为项目管理卡附件备查,统一装订归入项目管理卡。

1. 项目计划下达、实施方案批复文件;

2. 招投标文件(招标文件、中标文件、评标报告、中标通知书);

3. 技术变更资料;

4. 试验、检测、检验、监理资料;

5. 质量分项检验记录;

6. 第三方检测资料;

7. 完工图纸;

8. 工程款支付证书;

9. 结算表;

10. 验收纪要或验收报告;

11. 主要产品、材料、设备的技术说明书、质保书;

12. 图片音像(工程实施前、过程中、完工后图片);

13. 资产增加明细清单;

14. 其他资料。

11 调度运行

调度运行填表说明

1. 严格按照调度运行原则及分公司调度指令安排运行,不得接受其他任何单位或个人的运行要求。值班人员未经许可不得擅自投入泵站机组运行操作。

2. 泵站应在设计工况下运行。

3. 长期停用、检修后机电设备投入运行前应进行全面详细的检查,电气设备应测量绝缘值并符合规定要求,辅机设备转动部分应盘动灵活,并进行试运行。

4. 机电设备的操作应按规定的操作程序进行。

5. 机电设备启动过程中应监听机电设备的声音,并注意振动等其他异常情况。

6. 对运行设备、备用设备应按规定内容和要求定期巡视检查。遇有下列情况之一,应增加巡视次数。

（1）恶劣天气;

（2）新安装的、经过检修或改造的、长期停用的设备投入运行初期;

（3）设备缺陷近期有发展趋势;

（4）设备过负荷或负荷有显著增加;

（5）运行设备有异常迹象;

（6）运行设备发生事故跳闸,在未查明原因之前,对其他正在运行的设备;

（7）运行设备发生事故或故障,而曾经发生过同类事故或故障的设备正在运行时;

（8）运行现场有施工、安装、检修工作时;

（9）其他需要增加巡视次数的情况。

7. 值班人员在机电设备运行检查中发现异常运行情况要及时向技术负责人汇报,技术负责人要组织处理并详细记录在运行日志上。机电设备运行过程中发生故障应查明原因及时处理,对重大缺陷或严重情况要及时向上级领导汇报。当机电设备故障危及人身安全或可能损坏机电设备时应立即停止运行,并及时向上级主管部门报告。

8. 机电设备的操作、发生的故障及故障处理应详细记录在运行值班记录上。

9. 投运机组台数少于装机台数的时段,运行期间宜轮换开机。

10. 工程管理单位可根据国家、省有关最新规程规范和工程运行实际情况及时对本表单内容进行修订。

11. 本章时间精确到分钟,24 小时制,书写方式为:"年月日时分"的形式,例如 2017 年 05 月 08 日 15 时 03 分。

12. 表单中数字均使用阿拉伯数字填写。

13. 温度、湿度精确到个位数。

11.1 调度指令登记

11.1.1 基本要求

（1）南水北调江苏段工程调度指令登记（表 122）主要用于记录调度指令下发及执行的过程,分公司记录接受公司指令、下发泵站指令及回复指令的过程,泵站记录接受分公司指令及回复指令的过程。

（2）调度指令由公司调度运行部门下达至分公司工管部,分公司工管部下达至现场管理单位。

（3）现场管理单位负责具体调度指令执行,并将执行情况反馈至分公司工管部,分公司工管部汇总整理后反馈至公司调度计划部。

（4）调度指令登记主要包括发令时间、指令编号、发令人、指令内容、接受人等内容。

（5）调度指令要如实登记,不得随意更改。

（6）泵站执行完毕,待机组运行稳定后 15 min 内,向分公司调度汇报执行情况。分公司接到泵站汇报后 15 min 内,向公司汇报执行情况。

11.1.2 填表说明

发令内容应简明扼要记录指令关键要素,如"泗洪站于 2017 年 05 月 08 日 15 时 03 分前完成开机 4 台,流量 100 m³/s"。

<h3>表 122　调度指令接收登记表</h3>

时　间	指令接收			
	指令编号	发令人	指令内容	接收人
年　　月　　日 时　　分				
年　　月　　日 时　　分				
年　　月　　日 时　　分				
年　　月　　日 时　　分				
年　　月　　日 时　　分				
年　　月　　日 时　　分				
年　　月　　日 时　　分				
年　　月　　日 时　　分				

11.2 操作票

11.2.1 基本要求

（1）所有操作应遵守《电业安全工作规程》和"操作规程"。

（2）操作人员应明确操作目的，认真执行调度命令。

（3）填写操作票必须以命令或许可作为依据。

（4）操作票规定由操作人填写，特殊情况下需要由前一班值班人员填写时，接班的工作人员必须认真、细致地审查。确认无误后，由操作人、监护人、值班长（或电气负责人）共同核对、签字后执行。

（5）操作票上的操作项目，必须填双重名称，即设备的名称及编号。

（6）一张操作票只能填写一个操作任务。

（7）操作顺序应符合规范要求。

（8）操作票必须先编号，并按照编号顺序使用。作废的操作票应加盖"作废"章，已操作的操作票应加盖"已执行"章。

（9）一个操作任务填写的操作票超过一页时，在本页票的最后一栏内应写"下接××页"，填写完毕，经审核正确后，应在最后一项操作项目下面空格内加盖"以下空白"章。应将操作开始时间、操作结束时间填写在首页，发令人、受令人、操作人、监护人和"已执行"章盖在首页和最后一页。

11.2.2 填表说明

（1）操作票用黑色墨水的 0.5 mm 签字笔填写，不得随意涂改，个别错、漏字修改时，应在错字上划两道横线，漏字可在填补处上或下方作"∨"记号，然后在相应位置补上正确或遗漏的字，字迹应清楚，并在错、漏处由值班负责人签名，以示负责。错、漏字修改每项不应超过一个字（连续数码按一个字计），每页不得超过 2 个字。

（2）编号填写于表格右上角，应按照时间先后顺序统一编号，编号原则为：×××（泵站首字母大写，如解台站为 XTZ，蔺家坝为 LJB，睢宁二站为 SNE）—××××（年份 4 位，如 2020 年为 2020）—××（月份 2 位，如 2 月为 02）—××（编号 2 位，如第八张操作票为 08）。

（3）每一行只能填写一个操作项。

（4）操作记号由监护人填写。

11.3 运行巡视检查记录

11.3.1 基本要求

（1）运行巡视严格按巡视路线图进行，巡检到设备缺陷或设备处于检修状态时，必须将缺陷或检修内容填写在异常记录栏里。

（2）按照表 123 所列要求，对各台设备进行巡视。

（3）巡检人员巡检结束后，要将各台设备的现状如实向总值班汇报，如有设备缺陷或设备检修时，必须如实填写在交接班记录本中，并按程序交接到下一班。

（4）巡查频次要求见表 124。

表 123 泵站运行巡视要求

序号	检查部位	检查内容	检查要求
1	中控室	室内环境	门窗完好,屋顶及墙面应无渗、漏水,室内清洁,无蛛网、积尘,照明应完好,无缺陷
			室内温度 15～30 ℃左右,否则应开启空调设备
			中控台桌面清洁,物品摆放有序
		工控计算机	打印机及送纸器工作正常,报表打印清晰
			1#工控机、2#工控机工作正常,无异常信息或声响
			软件运行流畅,界面调用应正常,无迟滞
			界面中设备位置信号应与现场一致
			机组及辅机监控设备通信正常,数据上传正确,状态指示正确
			语音报警正常
		视频监视系统	设备清洁
			计算机运行正常,无异常声响,显示器显示无色差
			软件运行流畅,视频画面清晰
			摄像头调节控制可靠,录像调用正常
			画面清晰,无干扰
2	继保室	室内环境	门窗完好,屋顶及墙面应无渗、漏水,室内清洁,无蛛网、积尘,照明应完好,无缺陷,挡鼠板固定牢固,完整,无残缺、破损
			室内温度 5～35 ℃左右,否则应开启空调设备
		视频服务器柜	电源供电可靠,工作正常,设备通信正常,无异常报警
			接线紧固,接线端子无发热变色现象,无烧焦气味
			录像机录像、硬盘指示灯正常
		LCU 柜	PLC 的 CPU 模块指示灯指示正常,指示灯、仪表指示正常,无异常信号,状态与实际运行一致
			现地显示屏显示参数正确,操作灵敏、可靠,无报警等异常信息,PLC 开入量、开出量、模入量、温度量等模块工作指示灯与实际情况对应,通信良好,工作正常
			(选择/转换)开关位置与实际运行位置一致
			继电器外壳无破损,线圈无过热,接点接触良好
		GPS 时钟	时钟装置显示应正常,时间应刷新,PPS 指示灯应每秒闪烁一次
		服务器	数据库服务器工作正常,无异常告警等信息或声响
		电度表屏	接线盒及柜体后门铅封完好

表 123　泵站运行巡视要求(续)

序号	检查部位	检查内容	检查要求
2	继保室	主变保护屏	(1) 保护压板投、退位置正确,压接牢固,编号清晰; (2) 变压器差动保护装置、变压器非电量保护装置、变压器后备保护装置无异常指示,现地显示屏显示清晰,无报警指示或信息; (3) 电能质量在线检测装置运行正常,无异常报警信息
			(1) 变压器温显仪温度显示正确,通信正常,与现场及上位机示值一致; (2) 网络通信设备运行指示灯正常,网络畅通; (3) 表计无异常信息报出
3	直流系统	运行环境	门窗完好,屋顶及墙面应无渗、漏水,室内清洁,无蛛网、积尘,照明应完好,无缺陷,挡鼠板固定牢固,完整,无残缺、破损
			环境温度应在 5～30 ℃,否则应开启空调设备
		测控部分	蓄电池控制母线电压保持在 220 V(110 V),变动不应超过±2%(215～225 V);合闸母线电压 230～240 V;检查浮充电流是否符合电池的要求
			直流母线正对地、负对地电压应符合要求;检查直流系统绝缘现象,正、负极对地绝缘电阻值,应大于 0.2 MΩ
			现地显示屏无报警,操作灵敏,每只蓄电池的电压无明显异常
		逆变屏	充电机按照规定的充电方式运行;各切换开关位置正确;检查充电机各模块工作正常,交流电源电压正常
			面板上各指示灯指示正确
			屏内接线无松脱、发热变色现象,电缆孔洞封堵严密
			屏、柜应整洁,柜门严密,柜体接地良好
			UPS 电源面板指示灯指示正确,与运行方式相符;UPS 无故障指示
		电池屏	密闭良好,无渗漏液现象
			完整,无倾斜变形,表面清洁,附件齐全良好
			各连接部位接触良好,无松动、腐蚀现象
4	励磁室	室内环境	门窗完好,屋顶及墙面应无渗、漏水,室内清洁,无蛛网、积尘,照明应完好,无缺陷,挡鼠板固定牢固,完整,无残缺、破损
		励磁变压器	励磁变压器柜体完整、接地良好
			温控仪显示正确,温度显示正常,励磁变压器线圈温升不超过 100 ℃
			绝缘子完好,无破损、清洁、无放电痕迹;接线桩头无松脱、发热现象,示温纸未变色
			变压器运行声音正常,表面无积污
		励磁柜	柜体完整,接地良好,表面清洁
			触摸屏操作灵敏,参数显示正常,无异常报警信息
			表计指示正常,信号显示与实际工况相符

表123　泵站运行巡视要求(续)

序号	检查部位	检查内容	检查要求
4	励磁室	励磁柜	交流电源、直流电源正常可靠,励磁电压、励磁电流、工频定子电流数值正常
			运行无放电声,无异常气味和异常振动
			通风、散热系统工作正常,风扇运转无异响
			各电磁部件无异声,各通电流部件的接点、导线及元器件无过热现象
			A套调节器、B套调节器运行正常,通信灯闪烁,无故障报警
5	低开室	室内环境	门窗完好,屋顶及墙面应无渗、漏水,室内清洁、无蛛网、积尘,照明应完好,无缺陷,挡鼠板固定牢固、完整,无残缺、破损
		低开柜	柜体完整,接地牢固
			开关分、合闸位置指示正确,指示灯指示正确
			电压、电流等仪表示值正常
			操作手柄指示位置正确,与实际工况一致
			开关无异常声音、气味
		站、所用变压器柜	视窗查看绝缘子完好、无破损、清洁、无放电痕迹;接线桩头无松脱、发热现象,示温纸未变色
			温控仪各组温度显示正常,温升不超过100 ℃
			风扇运行正常,无异常声响,风扇控制可靠
			运行声音正常,无杂音或不均匀的放电声
			无异常气味
6	GIS室	GIS环境监测系统	自动/手动控制风机正常,无异常声响,红外感应及语音报警系统工作正常
			显示屏显示正常,无色差,信息显示正确
		室内环境	门窗完好,屋顶及墙面应无渗、漏水,室内清洁、无蛛网、积尘,照明应完好,无缺陷,挡鼠板固定牢固、完整,无残缺、破损
		GIS本体	各类管道及阀门无损伤、锈蚀,阀门的开闭位置应正确,管道的绝缘法兰与绝缘支架应完好
			断路器、隔离开关、接地开关及快速接地开关位置应指示正确,并与实际运行工况相符;断路器累积动作次数指示应准确、正常
			外壳、支架等无锈蚀、损坏,瓷套无开裂、破损或污秽现象,外壳漆膜无局部颜色加深或烧焦、起皮现象
			接地应完好、无锈蚀,标识清晰
			无异常的噪音,无异常气味、振动或其他不正常现象
			各间隔连接段无气体泄漏;设备无漏油、漏气现象
			金属外壳的温度应正常

表 123 泵站运行巡视要求(续)

序号	检查部位	检查内容	检查要求
6	GIS室	压力表	示值在规定范围(绿色区域);仪表及阀连接处无气体泄漏
		避雷器	避雷器的动作计数器指示值、在线检测泄漏电流指示值应正常
		汇控柜	各种指示灯、信号灯和带电监测装置的指示应正常
			控制方式开关在"远方"位置,联锁方式开关在"联锁"位置
7	消防报警系统	室内环境	门窗完好,屋顶及墙面应无渗、漏水,室内清洁,无蛛网、积尘,照明应完好,无缺陷,挡鼠板固定牢固,完整,无残缺、破损
		打印机	打印机工作正常,打印纸纸张充足
			输出电压、电流正常
		消防报警系统	报警控制器的自检功能正常
			系统无故障报警
			消音复位功能正常
			消防电话工作正常
8	主变室	室内环境	门窗完好,屋顶及墙面应无渗、漏水,室内清洁,无蛛网、积尘,照明应完好,无缺陷,挡鼠板固定牢固,完整,无残缺、破损
		主变本体	变压器本体温度计完好、无破损,表盘内无潮气冷凝
			检查变压器上层油温数值,温度正常,中控室远方测温数值正确,与主变压器本体温度指示数值相符
			油位、油色正常,油位计应无渗漏油
			检查变压器各部位无渗漏油
			气体继电器内应充满油,油色正常,无渗漏油,无气体(泡),二次电缆应无油迹和腐蚀现象,无松脱
			变压器正常应为均匀的嗡嗡声音,无放电声音、异常振动等现象
			压力释放器应无油迹,无破损或被油腐蚀现象;压力释放阀、安全气道及防爆膜应完好无损;压力释放阀指示杆未突出,无喷油痕迹
			检查变压器各部件接地应完好、无锈蚀、标识清晰
			硅胶颜色无受潮变色,呼吸器外部无油迹;油杯完好,无破损,油位应在上、下油位标志线之间
		主变中性点设备	接地刀闸位置符合运行要求,与变压器有关保护投退方式相对应
			接地装置完好、无松脱及脱焊
			避雷器清洁无损、无放电等异音,放电计数器完好,记录动作次数
			中性点电流互感器无渗漏油现象,套管无破损、裂纹,引线连接良好
			中性点放电间隙的放电棒无积尘

表 123　泵站运行巡视要求(续)

序号	检查部位	检查内容	检查要求
8	主变室	冷却系统	散热装置清洁,散热片不应有过多的积灰等附着脏物,散热器各部位无异常发热现象,散热片无渗油现象
		主变套管	主变套管应清洁,无破损、裂纹、放电声,油位计应无破损和渗漏油,没有影响查看油位的油垢,油位、油色正常
		其他	事故储油坑的鹅卵石层厚度应符合要求,保持储油坑的排油管道畅通,以便事故发生时能迅速排油;设备编号齐全、清晰、无损坏,相序标注清晰
9	高开室	室内环境	门窗完好,屋顶及墙面应无渗、漏水,室内清洁,无蛛网、积尘,照明应完好,无缺陷,挡鼠板固定牢固、完整、无残缺、破损
		高开柜	柜体密封、接地良好,无异味,无过热、无变形等异常情况
			保护压板按要求投入,保护装置无异常报警和异常信息
			断路器分、合闸指示与实际运行工况一致,接地开关位置正确,闭锁完好
			操作电源开关及控制转换开关位置正确
			盘面带电显示装置、多功能仪表、储能指示、开关状态显示正确
			仪表外壳无破损,密封良好,仪表引线无松动、脱落,指示正常
			巡视灯控制正常,照明完好
			视窗查看导线接头连接处无松动、过热、熔化变色现象,示温纸未变色
			无异常声响
10	变频器室	室内环境	门窗完好,屋顶及墙面应无渗、漏水,室内清洁,无蛛网、积尘,照明应完好,无缺陷,挡鼠板固定牢固、完整、无残缺、破损
		变频器	环境温度在0~40℃,湿度不高于95%且无凝露
			柜体完整,柜门关闭严实,柜体温度检查,高压变频器柜体各部位进行测温,各部位温度正常
			过滤网无灰尘、杨絮等脏物堵塞空气流通的现象
			键盘现地显示无报警,转速、电流、电压等运行参数显示正常,触摸屏显示正常
			转换开关位置正确,运行期间禁止切换转换开关位置
			无异常噪声、异常气味及振动
			风机运行正常、排风通畅、无异味
11	电抗器室	室内环境	门窗完好,屋顶及墙面应无渗、漏水,室内清洁,无蛛网、积尘,照明应完好,无缺陷,挡鼠板固定牢固、完整、无残缺、损坏
			环境温度不宜高于45℃,湿度不高于95%,否则应开启空调设备
		电抗器	柜体完整,柜门关闭严实
			视窗观察接线端子无发热,示温纸无变色现象,观察接地线牢固无松动、脱落现象
			无异常噪声、异常气味及振动

表 123 泵站运行巡视要求(续)

序号	检查部位	检查内容	检查要求
11	电抗器室	开关柜	保护压板投入,连接牢固
			断路器分、合闸指示与实际运行工况一致
			盘面带电显示装置、多功能仪表、储能指示、开关状态显示正确
			仪表外壳无破损,密封良好,仪表引线无松动、脱落,指示正常
			控制转换开关位置正确
			巡视灯控制正常,照明完好
			电缆接头连接处无松动、过热、熔化变色现象,示温纸未变色
			无放电声,无异常气味及异常振动
12	测流系统	测流系统	检查测量装置供电正常,柜内设备无异味、异响,通风良好,温度正常
			流量计时间、流量、累计流量、断面状态等显示正常
			流量曲线无异常变化
			检查流量计与上位机通信正常,上位机显示流量读数应与现场一致,数据上传正确
13	液压系统	运行环境	室内清洁,无蛛网、积尘,照明完好,无缺陷
		油箱	油位在标记油位线之间,油色清亮
			外观清洁,无渗油
			呼吸器完好,硅胶饱满,变色不超过 1/3
			表计指示正常
		管道及阀	管道及接头无渗漏
			阀位正确,标识完好,闸阀无渗漏
		电机油泵	电机、油泵运转平稳,无异常噪声、振动,电机发热、散热情况良好,油泵无渗油现象
		控制柜	(选择/转换)开关位置与实际运行位置一致
			指示灯、仪表、开度仪指示正常,无异常信号,状态与实际运行一致,PLC 信号灯指示无异常,通信良好,模块工作正常
			现地显示屏显示参数正确,操作灵敏、可靠,无报警现象
			柜内接线紧固,接线端子无发热变色现象,无异常气味
14	冷却水系统	运行环境	室内清洁,无蛛网、积尘,照明完好,无缺陷
		冷却水系统	循环水进水温度满足运行要求
			供水压力不低于 0.2 MPa
			电机、水泵运转平稳,无异常气味、振动及噪声,水泵无渗漏
			管道、闸阀等完好,无渗漏

表 123　泵站运行巡视要求(续)

序号	检查部位	检查内容		检查要求
14	冷却水系统	冷却水系统		流量计、示流器等指示正确
				水箱液位计工作灵敏可靠
		控制柜		柜内通风散热、照明完好,无缺陷
				指示灯、仪表指示正常,无异常信号,状态与实际工况一致,PLC屏信号灯指示无异常,通信良好,模块工作正常
				(选择/转换)开关位置与实际运行位置一致
				现地显示屏显示参数正确,操作灵敏、可靠,无报警等异常现象
				柜内二次接线紧固,接线端子无发热变色现象,无异常气味
15	排水系统	排水系统		管道及接头无渗漏现象,管路畅通
				闸阀位置正确,指示清晰,无渗漏
				示流器完好
				压力表指示正确
		控制柜		排水泵运转平稳,无异常噪声、振动,电机发热、散热情况良好
				电压、电流、温度等仪表指示正确
				传感器通信正常,传输正确
				指示灯指示正常,状态与实际运行一致
				(选择/转换)开关位置与实际运行位置一致
				柜内元器件等完整,无异常气味,运行时无异常声音
16	主机组	运行环境		现场应无渗、漏水现象,环境清洁,无蛛网、积尘,照明保持完好,无缺陷
		主机参数		电机电流、电压、功率应正常,与运行工况相符
				转速、绕组温度、轴承温度、湿度、振动等仪表显示应正常,无异常突变现象
		主机组		滑环、碳刷接触良好,无打火现象
				水泵运转平稳,无异常振动及声音
				电机运转无异常气味
				水泵各连接部位无渗漏
				辅助管道、管件连接无渗漏
				密封水畅通,无成股水流下
17	建筑物及河道	土工建筑物		土工建筑物无雨淋沟、塌陷、裂缝、渗漏、滑坡和蚁害、兽害等;排水系统、导渗及减压设施无损坏、堵塞、失效;堤站(闸)连接段无渗漏等迹象
				排水系统、导渗及减压设施无损坏、堵塞、失效;堤站(闸)连接段无渗漏等迹象
		混凝土建筑物		无裂缝、腐蚀、磨损、剥蚀、露筋(网)及钢筋锈蚀等情况
				伸缩缝止水无损坏、漏水及填充物流失等情况

表 123 泵站运行巡视要求(续)

序号	检查部位	检查内容	检查要求
17	建筑物及河道	河道	进水池无阻水物及其他污物,出水池运行机组出水口出水顺畅
			上下游拦船索完好,无危害安全运行的船只进入
18	清污机	清污机	栅条无损坏、缺失,栅前无杂物堵塞
			部件完整,无损坏、缺失,运转平稳,无卡滞、异常声响,电机及链传动无过热、堵转情况
			控制柜仪表及状态指示灯指示正确,控制方式转换开关位置正确,控制可靠,无异常声响和异味,柜内二次线无松脱、发热变色现象,电缆孔洞封堵严密
		皮带输送机	部件完整,无损坏、缺失,皮带运行正常,无跑偏现象,电机无过热、堵转现象,轴承转动无阻塞,无异常声响
			控制柜仪表及状态指示灯指示正确,控制方式转换开关位置正确,控制可靠,无异常声响和异味,柜内二次线无松脱、发热变色现象,电缆孔洞封堵严密

表 124 泵站运行巡察频次

序号	巡查部位	巡查频次
1	主机组	每班四次(2 h 1 次)
2	中控室、继保室、直流系统、励磁室、低开室、消防报警系统、高开室、变频器室、电抗器室、主变室、GIS 室、测流系统、液压系统、卷扬式启闭机、冷却水系统、排水系统、真空破坏阀、叶片调节机构、减速系统、清污机、建筑物及河道等	每班一次

11.3.2 填表说明

(1)各现场管理单位可根据泵站实际情况对运行巡视检查项目进行增减。

(2)巡视人员签名填写于"运行巡视记录"表格(表 125)对应位置,签名项应填写全名。

(3)运行巡查记录表要如实记录,字迹工整清晰,不得涂改,正常打"√",异常打"×",并在异常记录中做好简要说明,必要时附图、表。

表 125 运行巡视记录表

____年___月___日___班 值班长：_____ 值班员：_____

序号	巡查部位	时 间	___:___	___:___	___:___	___:___	异常记录
1	中控室	工控计算机		空			
		视频监控系统					
		室内环境及其他					
2	继保室	视频服务器柜		空			
		LCU 柜					
		GPS 时钟					
		服务器					
		电度表屏					
		主变保护屏					
		室内环境及其他					
3	直流系统	测控部分		空			
		逆变屏					
		电池屏					
		运行环境及其他					
4	励磁室	励磁变压器		空			
		励磁柜					
		室内环境及其他					
5	低开室	低开柜		空			
		站、所用变压器柜					
		室内环境及其他					
6	GIS 室	GIS 环境监测系统		空			
		GIS 本体					
		压力表					
		避雷器					
		汇控柜					
		室内环境及其他					
7	消防报警系统	消防报警系统		空			
		打印机					
		室内环境及其他					
8	主变室	主变本体		空			
		主变中性点设备					

表 125 运行巡视记录表(续)

序号	巡查部位	时 间	___:___	___:___	___:___	___:___	异常记录
8	主变室	冷却系统					
		主变套管					
		室内环境及其他					
9	高开室	高开柜		空			
		室内环境及其他					
10	变频器室	变频器		空			
		室内环境及其他					
11	电抗器室	电抗器		空			
		开关柜					
		室内环境及其他					
12	测流系统	测流系统		空			
		运行环境及其他					
13	液压系统	油箱		空			
		管道及阀					
		电机油泵					
		控制柜					
		LCU 柜					
		运行环境及其他					
14	冷却水系统	冷却水系统		空			
		控制柜					
		运行环境及其他					
15	排水系统	排水泵组		空			
		控制柜					
		运行环境及其他					
16	主机组	主机参数					
		主机组					
		运行环境及其他					
17	建筑物及河道	土工建筑物		空			
		混凝土建筑物					
		河道					
		其他					
18	清污机	清污机		空			
		皮带输送机					
		运行环境及其他					

11.4 值班记录

11.4.1 基本要求

（1）值班人员在填写值班记录（表126）时，应按照规定，填写内容如实反映实际情况。

（2）值班人员在值班期间必须将发生的事项和处理情况在值班记录上记载。

（3）重大突发事件的处置，应按时间顺序（精确到分钟）详细记录处置过程。

（4）运行期主要记录天气、工程状况、运行情况、调度指令执行情况、操作情况、两票执行情况，设备故障、异常及维护情况和交接班情况。

11.4.2 填表说明

（1）工况：填写运行或停机，泵站运行台数、水闸开启孔数用整数表示，例如"1""2""3"。流量精确到小数点后两位，例如"33.31""110.20"。水位精确到小数点后两位，例如"12.34""1.20"。

（2）运行情况：填写值班期间机组运行状态。

（3）调度指令执行情况：填写值班期间所进行的调度指令执行记录。

（4）操作记录：填写值班期间对设施设备所进行的操作内容。

（5）两票执行情况：填写本班正在执行的工作票和已执行的操作票编号。

（6）设备故障、异常及维护情况：填写值班期间发现的设备故障、异常及正在维护的情况。

（7）交接班情况：填写本班正在进行事项、重要交代事项及其他需下一班重点处理的内容。

表 126 值班记录

开始时间	年 月 日 时 分		结束时间	年 月 日 时 分	
班 组		温度(℃)		湿度(%)	
值 班 长		值 班 员			
工程状况	工 况		运行台(孔)数		流 量(m³/s)	
	上游水位(m)		下游水位(m)		扬 程(m)	
运行情况						
调度指令执行情况		两票执行情况	1. 第一种工作票编号＿＿＿＿＿＿;		
			2. 第二种工作票编号＿＿＿＿＿＿;		
			3. 操作票编号＿＿＿＿＿＿＿。		
操作记录						
设备故障、异常及维护情况						
交接班情况			交班人		
			接班人		

11.5　防汛值班记录

11.5.1　基本要求

（1）值班人员在填写防汛值班记录（表127）时，应按照规定，填写内容如实反映实际情况。

（2）值班人员在值班期间必须将发生的事项和处理情况在值班记录簿上记载。

（3）重大突发事件的处置，应按时间顺序（精确到分钟）详细记录处置过程。

（4）运行期主要记录天气，工程状况，运行情况，调度指令执行情况，操作情况，两票执行情况，设备故障、异常及维护情况和交接班情况。

11.5.2　填表说明

（1）工况：填写运行、发电或停机，泵站运行台数、水闸开启孔数用整数表示，例如"1""2""3"。流量精确到小数点后两位数字，例如"33.30""110.25"。水位精确到小数点后两位，例如"12.34""1.20"。

（2）运行情况：填写值班期间机组运行状态。

（3）调度指令执行情况：填写值班期间所进行的调度指令执行记录。

（4）交接班情况：填写本班正在进行事项、重要交代事项及其他需下一班重点处理的内容。

表 127　防汛值班记录表

开始时间	年　月　日　时　分			结束时间	年　月　日　时　分		
天　气			温度(℃)				
值 班 长			值班员				
泵站机组运行情况	工　况		台　数		流　量		(m³/s)
	上游水位	(m)	下游水位	(m)	扬　程		(m)
闸门运行情况	运行孔数		流　量	(m³/s)	闸门开高		(m)
	上游水位	(m)	下游水位	(m)	水 位 差		(m)
水情调度指令及执行情况	时　间		发 令 人		受 令 人		
	指令内容						
	执行情况						
	时　间		发 令 人		受 令 人		
	指令内容						
	执行情况						
	时　间		发 令 人		受 令 人		
	指令内容						
	执行情况						
来电记录	来电时间	来电单位	来电人员	来电号码	来电内容		
交接班情况				交 班 人			
				接 班 人			

12 安全管理

安全管理填表说明

1. 本章表格适用于南水北调东线江苏水源有限责任公司管辖内工程安全管理。

2. 涉及安全表单必须手写填写,不允许电子填写。

3. 涉及安全有关记录不得任意涂改,却因笔误,应按照作废流程处理,重新填写。

4. 记录在收到资料室保管前,记录保管员应检查其是否完整,将完整无缺的记录收回资料室保管,对缺项漏页等记录出现的问题,报相关领导进行处理。

12.1 安全生产组织机构

12.1.1 基本要求

(1)南水北调江苏段工程各级管理单位均应成立安全生产领导小组。

(2)安全生产领导小组是本单位安全生产工作的领导和负责机构。

(3)各单位应成立以单位负责人为组长的安全生产领导小组。

(4)安全生产领导小组主要包括:组长、副组长、安全员、成员。

(5)安全领导小组人员调整需注明原因。

12.1.2 填表说明(表128)

(1)组长、安全员、成员均填写姓名全称。

(2)组织网络图以结构图的形式明确组长、副组长、安全员和成员。

(3)安全组织机构调整情况,填写人员调整文件名称,并写出人员调整具体内容。

表 128 安全生产组织机构

安全生产领导小组			
组　　长		安全员	
成　　员			
组织网络图：			
安全组织调整情况：			

12.2 安全生产工作年度计划

12.2.1 基本要求

（1）安全生产年度工作计划，按照时间顺序编制。

（2）周期性工作需明确工作的频率、完成的时间节点，方案及总结工作需要确定时间点。

（3）工作内容要简明扼要，表达准确。

12.2.2 填表说明(表129)

（1）安全生产工作年度计划时间分为：规定时间点（节假日）、周期性时间点、实时时间。

（2）表单中时间按照填表总则规范填写。

（3）工作内容及时间由现场管理单位结合现场实际编写，备注中主要体现归档、上报等情况。

表 129　安全生产工作年度计划

序　号	工作内容	时　间	备　注

12.3　安全生产管理规程、规章目录

12.3.1　基本要求

（1）安全生产管理规程、规章按照发布时间顺序，编写目录（表 130）。

（2）规程、规章要记录全称，备注文件的文号等信息。

12.3.2　记录项目

（1）安全生产责任制度。

（2）安全目标管理职责。

（3）安全教育培训。

（4）安全生产检查。

（5）安全事故的调查处理。

（6）安全应急救援预案。

（7）其他需要记录的安全生产相关规程规章。

12.3.3　填表说明

（1）规程、规章名称要填写文件全称。

（2）发放记录要发放到部门相关人员手中。

（3）版本要注明是电子版、纸质版类型。

表 130　安全生产管理规程规章目录

序　号	规程、规章名称	备　注

表 131   安全生产文件发放记录表

部门：

编号	文件名称	版本	份数	发放		备注
				签字	日期	

12.4 安全生产资料(文件)

12.4.1 基本要求

（1）安全生产资料(文件)以为时间线索,按照文号顺序,及时填写(表132)。

（2）记录必须及时、详细、完整,内容真实、准确。

12.4.2 填表说明

（1）资料题名(文件)要填写,记录资料题目(文件)的全名。

（2）文号按照规范要求,标准填写。

（3）发文时间按照填表总则规范填写。

表 132 安全生产资料（文件）登记

序　号	文　号	资料题名（文件）	发文时间	备　注

12.5 安全会议记录

12.5.1 基本要求

（1）安全会议记录（表133）应包含会议的主题、时间、地点、参会人员等情况。

（2）会议记录要具备纪实性、概括性、条理性。

12.5.2 记录项目

（1）部门、站所安全生产相关会议。

（2）班组安全生产相关会议。

（3）各专业性安全生产会议。

（4）不定期安全生产会议。

（5）其他安全生产相关会议。

12.5.3 填表说明

（1）安全会议内容言简意赅，突出会议的主题，描述会议开展情况。

（2）照片清晰可以真实反映事件内容，粘贴位置居中。

（3）记录人签名按照填表总则规范填写。

（4）会议时间按照填表总则规范填写。

表 133 安全会议记录

会议主题			
会议时间		会议地点	
参加人员			
主 持 人		记 录 人	
会议内容			
照 片			

12.6 危险源统计

12.6.1 统计项目

（1）生产场所危险源主要为化学品类、镭射类（含辐射）、生物类、特种设备类、电气类、土木工程类及交通运输类等。

（2）化学品类：工程现场所包含的化学品一般为汽轮机油、锂基脂及柴油等。

（3）镭射类：工程现场大多会有辐射、噪音等出现，其中以噪音最为常见。

（4）特种设备类：行车、电动葫芦、压力容器、压力阀门等。

（5）电气类：主变压器、主水泵、励磁、变频器、启闭机、带电管线等。

（6）土木工程类：主要指人员在工程建设、工程运行中的作业行为及相关设备导致的危险要素，如登高作业、水下作业、有限空间作业等。

（7）交通运输类：主要分为陆上交通和水上交通。其中陆上交通主要为工程车辆运输、人员上下班及危险驾驶等。水上交通主要为船只冲撞、人员落水等情况。

12.6.2 填表说明

（1）责任人签名按照填表总则规范填写。

（2）填报单位填写现场管理单位。

（3）表单中数字均使用阿拉伯数字填写。

（4）主管部门为当地水利行业主管部门。

表 134　危险源辨识汇总表

序号	作业活动	危险源（危险因素）	可能导致的事故	作业条件危险性评价				风险级别	是否重大危险源	拟采取控制措施
				L	E	C	D			

12.7 工程安全隐患情况

12.7.1 基本要求

（1）本表适用于南水北调江苏境内工程安全隐患情况的登记。

（2）建立逐级安全隐患排查责任制,明确各自职责,落实巡查制度。

（3）隐患描述要详细,表达准确,不允许有涂改。

12.7.2 填表说明

（1）安全隐患整改通知书一式 2 份,由检查单位填写,用于归档和备查。检查单位、被检查单位各一份。

（2）"隐患部位"要详细到泵房、层数、设备间、具体设备及位置。

（3）整改通知中必须明确:整改责任人、整改措施及整改时间。

（4）发现时间按照填表总则规范填写。

（5）发现人、整改负责人、验收负责人签名按照填表总则规范填写。

（6）工程安全生产隐患登记表（表 138）排查时间要写清楚起止时间。

表 135　安全隐患整改通知书

编号：

　　_____：

　　　　年　　月　　日，×××单位在_____检查中发现_____存在如下隐患。请接通知后，按照"三定"要求限在　　月　　日前，采取相应整改措施，并在自查合格后，将整改完成情况及防范措施，按时回复分公司_____。

存在的主要问题：

整改措施及要求：

检查负责人：

年　　月　　日

被查单位签收人：

签收日期：　　年　　月　　日

　　说明：本表一式 2 份，由检查单位填写，用于归档和备查。检查单位、被检查单位各一份。

表 136　安全隐患整改通知回复单

致:＿＿＿＿＿＿＿＿＿＿

我方接到编号为＿＿＿＿＿＿的安全隐患整改通知后,已按要求完成了整改工作,现报上,请予以复查。

附:(文字资料及相片)

站所负责人:

年　　月　　日

检查单位复查意见:

复查负责人:

年　　月　　日

表 137 隐患排查登记表

编号:＿＿＿＿＿＿＿＿＿

参加检查人员	
检查区域和内容	

隐患情况:

记录人:　　　　　　　　　　检查日期:　　年　　月　　日

分析评估:一般隐患\重大隐患

整改要求(定人员、定措施、定时间):

检查负责人:

复查意见:

复查人:　　　　　　　　　　复查日期:　　年　　月　　日

说明:本表由组织检查人员填写,复查意见由检查组负责人或安全员在整改后填写。

表 138　工程安全生产隐患登记表

单位（部门）：
排查时间：　—

排查人员：

编　号：
项目经理：

序号	隐患名称	存在部位（环节）	隐患类别	可能导致的事故类型	控制要点	责任人	整改完成时间	整改情况	复查意见

表139 年度隐患治理验证效果评估记录

序号	隐患描述	排查时间	隐患治理措施	治理完成时间	治理负责人	隐患治理效果评估	备注

评估人：(安办负责人)　　　　登记日期：

表 140　　年　月安全隐患排查治理统计汇总表

序号	隐患名称	检查日期	发现隐患的人员	整改措施	计划完成日期	实际完成日期	整改负责人	复验人	未完成整改原因	采取的监控措施
上月未整改完成 1										
上月未整改完成 2										
上月未整改完成 3										
本月新增隐患 1										
本月新增隐患 2										
本月新增隐患 3										
本月新增隐患 4										

本月查出隐患　　项，其中本单位自查出　　项，隐患自查率　　%；本月应整改隐患　　项，实际整改合格　　项，实际整改率　　%；隐患整改率　　%。

12.8 安全生产事故登记

12.8.1 基本要求

（1）安全生产事故记录内容为南水北调江苏境内工程重大安全事故。

（2）事故以时间为线索，按时间顺序记录，排序归档。

（3）事件的描述要简明扼要，实事求是，不允许涂改。

12.8.2 事故标准

（1）安全生产事故的登记，内容要简练，实事求是。安全生产事故灾难按照其性质、严重程度、可控性和影响范围等因素，一般分为四级：Ⅰ级（特别重大）、Ⅱ级（重大）Ⅲ级（较大）和Ⅳ级（一般）。

（2）特别重大事故，是指造成 30 人以上死亡，或者 100 人以上重伤，或者 1 亿元以上直接经济损失的事故。

（3）重大事故，是指造成 10 人以上 30 人以下死亡，或者 50 人以上 100 人以下重伤，或者 5 000 万元以上 1 亿元以下直接经济损失的事故。

（4）较大事故，是指造成 3 人以上 10 人以下死亡，或者 10 人以上 50 人以下重伤，或者 1 000 万元以上 5 000 万元以下直接经济损失的事故。

（5）一般事故，是指造成 3 人以下死亡，或 10 人以下重伤，或者 1 000 万元以下直接经济损失的事故。

12.8.3 填表说明（表 141）

（1）安全生产事故的登记，内容要简练，实事求是。

（2）事故时间按照填表总则规范填写。

（3）事故登记人需签名确认，签名按照填表总则规范填写。

表 141　安全生产事故登记

序　号	事故部位	事故时间	事故原因	直接经济损失（元）	死伤情况		处理情况
					死	伤	

12.9 演练记录

12.9.1 基本要求

（1）本表用于记录各种演练情况。

（2）记录以时间为线索，按时间顺序记录，排序汇总。

（3）演练的描述要简明扼要，表达准确。

12.9.2 填表说明（表142）

（1）演练名称主要为事件主题，要简练，突出重点。

（2）演练时间按照填表总则规范填写。

（3）演练类别要对应填写。

（4）演练的目的和培训情况要言简意赅。

（5）演练过程要明确演练步骤，包括时间、地点、人物、活动等要素，详细写清楚重要环节的措施。

（6）存在问题和改进措施要相关组织者认真评估提出具体改进措施。

（7）记录人签名按照填表总则规范填写。

表 142 演练记录

演练名称				演练地点	
组织部门		总指挥		演练时间	
参加部门和单位					
演练类别	□综合演练　　　□单项演练　　　□桌面演练　　　□现场演练 □防汛预案　　　□综合应急预案　□反事故预案　　□现场处置方案				
演练目的和培训情况					
演练过程					
存在问题和改进措施					

填表人：　　　　　　　　　　　　审核人：　　　　　　　　　　　　填表日期：

表143 演练效果评估

应急演练科目：　　　　　　　　　　　　　　　　　　　　年　　月　　日

评估项目		评估内容及要求	评估意见		
1	应急演练目标制定*	应急演练目标的制定是否符合下列要求：	是	否	
		1. 是否制定应急演练目标；	☐	☐	
		2. 应急演练目标是否完善、有针对性；	☐	☐	
		3. 演练目标是否可行	☐	☐	
2	应急演练原则*	应急演练原则的制定是否符合下列要求：	是	否	
		1. 是否结合实际、合理定位；	☐	☐	
		2. 是否着眼实战、讲求实效；	☐	☐	
		3. 是否精心组织、确保安全；	☐	☐	
		4. 是否统筹规划、厉行节约	☐	☐	
3	应急演练分类*	本次应急演练采用的形式：	①	②	③
		1. 按组织形式划分，本次应急演练类别为：①桌面演练；②实战演练	☐	☐	☐
		2. 按内容划分，本次应急演练类别为：①单项演练；②综合演练	☐	☐	☐
		3. 按目的与作用划分，本次应急演练类别为：①检验性演练；②示范性演练；③研究性演练	☐	☐	☐
4	应急演练计划（方案）*	演练计划（方案）是否符合下列要求：	是	否	
		1. 是否根据实际情况，制订应急演练计划（方案）；	☐	☐	
		2. 演练计划（方案）是否符合相关法律法规和应急预案规定；	☐	☐	
		3. 演练计划（方案）是否符合按照"先单项后综合、先桌面后实战、循序渐进、时空有序"的原则制订；	☐	☐	
		4. 演练计划（方案）中是否合理规划应急演练的频次、规模、形式、时间、地点等	☐	☐	
5	应急演练组织机构*	应急演练组织机构是否符合下列要求：	是	否	
		1. 是否成立应急演练组织机构；	☐	☐	
		2. 应急演练组织机构是否完善，职责是否明确；	☐	☐	
		3. 应急演练组织机构是否按照"策划、保障、实施、评估"进行职能分工；	☐	☐	
		4. 参演队伍是否包括应急预案管理部门人员、专兼职应急救援队伍以及志愿者队伍等	☐	☐	
6	应急演练情景设置*	应急演练场景中是否包括下列内容：	是	否	
		1. 事件类别；	☐	☐	
		2. 发生的时间地点；	☐	☐	

表 143 演练效果评估(第 2 页/共 4 页)

评估项目		评估内容及要求	评估意见
6	应急演练 情景设置*	3. 发展速度发展速度、强度与危险性;	☐ ☐
		4. 受影响范围、人员和物资分布;	☐ ☐
		5. 已造成的损失、后续发展预测;	☐ ☐
		6. 气象及其他环境条件等	☐ ☐
7	应急演练 保障*	人员保障*	应急演练是否包括下列人员:	是 否
			1. 演练领导小组、演练总指挥、总策划;	☐ ☐
			2. 文案人员、控制人员、评估人员、保障人员;	☐ ☐
			3. 参演人员、模拟人员	☐ ☐
		经费保障*	1. 应急、演练经费是否纳入年度预算;	☐ ☐
			2. 应急演练经费是否及时拨付;	☐ ☐
			3. 演练经费专款专用、节约高效	☐ ☐
		场地保障*	1. 是否选择合适的演练场地;	☐ ☐
			2. 演练场的是否有足够的空间,良好的交通、生活、卫生和生产条件;	☐ ☐
			3. 是否干扰公众生产生活	☐ ☐
		物资器材 保障*	1. 应急预案和演练方案是否有纸质文本、演示文档等信息材料;	☐ ☐
			2. 应急抢修物资准备是否满足演练要求;	☐ ☐
			3. 是否能够全面模拟演练场景	☐ ☐
		通信保障*	1. 应急指挥机构、总策划、控制人员、参演人员、模拟人员等;	☐ ☐
			2. 通信器材配置是否满足抢险救援内部、外部通信联络需要;	☐ ☐
			3. 演练现场是否建立多种公共和专用通信信息网络;	☐ ☐
			4. 能否保证演练控制信息的快速传递	☐ ☐
		安全保障*	1. 是否针对应急演练可能出现的风险制定预防控制措施;	☐ ☐
			2. 是否根据需要为演练人员配备个体防护装备	☐ ☐
			3. 演练现场是否有必要的安保措施,是否对演练现场进行封闭或管制,保证演练安全进行;	☐ ☐
			4. 演练前,演练总指挥是否对演练的意义、目标、组织机构及职能分工、演练方案、演练程序、注意事项进行统一说明	☐ ☐
8	应急演练 实施*	演练指挥 与行动*	1. 是否由演练总指挥负责演练实施全过程的指挥控制;	☐ ☐
			2. 应急指挥机构是否按照演练方案指挥各参演队伍和人员,开展模拟演练事件的应急处置行动,完成各项演练活动;	☐ ☐
			3. 演练控制人员是否充分掌握演练方案,按演练方案的要求,熟练发布控制信息,协调参演人员完成各项演练任务;	☐ ☐
			4. 参演人员是否严格执行控制消息和指令,按照演练方案规定的程序开展应急处置行动,完成各项演练活动;	☐ ☐

表143 演练效果评估(第3页/共4页)

评估项目		评估内容及要求	评估意见	
8	应急演练实施*	演练指挥与行动*	5. 模拟人员是否按照演练方案要求,模拟未参加演练的单位或人员的行动,并作出信息反馈	☐	☐
		演练过程控制*	1. 桌面演练过程控制:	是	否
			(1) 在讨论式桌面演练中,演练活动是否围绕对所提出问题进行讨论;	☐	☐
			(2) 是否由总策划以口头或书面形式,部署引入一个或若干个问题;	☐	☐
			(3) 参演人员是否根据应急预案及相关规定,讨论应采取的行动;	☐	☐
			(4) 由总策划按照演练方案发出控制消息,参演人员接收到事件信息后,是否通过角色扮演或模拟操作,完成应急处置活动。	☐	☐
			2. 实战演练过程控制:	是	否
			(1) 在实战演练中,是否要通过传递控制消息来控制演练过程;	☐	☐
			(2) 总策划按照演练方案发出控制消息后,控制人员是否立即向参演人员和模拟人员传递控制消息;	☐	☐
			(3) 参演人员和模拟人员接收到信息后,是否按照发生真实事件时的应急处置程序或根据应急行动方案,采取相应的应急处置行动;	☐	☐
			(4) 演练过程中,控制人员是否随时掌握演练进展情况,并向总策划报告演练中出现的各种问题。	☐	☐
9	演练解说*		1. 在演练实施过程中,是否安排专人对演练进行解说。	☐	☐
			2. 演练解说是否包括以下内容:		
			(1) 演练背景描述;	☐	☐
			(2) 进程讲解;	☐	☐
			(3) 案例介绍;	☐	☐
			(4) 环境渲染等	☐	☐
10	演练记录*		1. 在演练实施过程中是否安排专门人员,采用文字、照片和音像等手段记录演练过程。	☐	☐
			2. 文字记录是否包括以下内容:	是	否
			(1) 演练实际开始与结束时间;	☐	☐
			(2) 演练过程控制情况;	☐	☐
			(3) 各项演练、活动中参演人员的表现;	☐	☐
			(4) 意外情况及其处置;	☐	☐
			(5) 是否详细记录可能出现的人员"伤亡"(如进入"危险"场所,在所规定的时间内不能完成疏散等)及财产"损失"等情况;	☐	☐
			(6)文字、照片和音像记录是否全方位反映演练实施过程	☐	☐
11	宣传教育*		1. 是否针对应急演练对其他人员进行宣传教育;	☐	☐
			2. 通过宣传教育是否有效提高其他人员的抢险救援意识、普及抢险救援知识和技能	☐	☐
	应急演练结束		1. 演练完毕,是否由总策划发出结束信号,演练总指挥宣布演练结束;	☐	☐

表 143 演练效果评估(第 4 页/共 4 页)

评估项目	评估内容及要求	评估意见
与终止*	2. 演练结束后所有人员是否停止演练活动,按预定方案集合进行现场总结讲评或者组织疏散;	☐ ☐
	3. 演练结束后是否指定专人负责组织人员对演练现场进行清理和恢复	☐ ☐
演练评估*	1. 演练结束后是否组织有关人员对应急演练过程进行评估。	☐ ☐
	2. 应急演练评估是否包括下列几个方面:	是 否
	(1) 演练、执行情况;	☐ ☐
	(2) 预案的合理性和可操作性;	☐ ☐
	(3) 应急指挥人员的指挥协调能力;	☐ ☐
	(4) 参演人员的处置能力;	☐ ☐
	(5) 演练所用设备的适用性;	☐ ☐
	(6) 演练目标的实现情况、演练的成本效益分析、对完善预案的建议等	☐ ☐
演练总结*	1. 演练结束后演练单位是否对演练进行系统和全面总结,并形成演练总结报告。	☐ ☐
	2. 演练总结报告是否包括下列内容:	是 否
	(1) 演练、目的;	☐ ☐
	(2) 时间和地点;	☐ ☐
	(3) 参演单位和人员;	☐ ☐
	(4) 演练方案概要;	☐ ☐
	(5) 发现的问题与原因,经验和教训以及改进有关工作的建议等	☐ ☐
成功运用*	1. 对演练中暴露出来的问题,演练单位是否及时采取措施予以改进;	☐ ☐
	2. 是否及时组织对应急预案的修订、完善;	☐ ☐
	3. 是否有针对性的加强应急人员的教育和培训;	☐ ☐
	4. 是否对应急物资装备进行有计划的更新等。	☐ ☐
评估意见及建议		
评估人员签字		

注:"＊"代表应急预案的关键要素。

12.10 主要安全设备登记

12.10.1 基本要求

（1）主要安全设备以消防设备、安全警示标识、绝缘工具、登高作业工具、起重用具划分统计。

（2）主要安全设备登记表（表144）内容应真实准确，不允许涂改。

12.10.2 填表说明

（1）表单中责任人签字按照填表总则规范填写。

（2）表单中基本参数相关数字均使用字符及阿拉伯数字填写。

（3）本表中设备名称应按照设备铭牌或者设备说明书的实际情况填写，设备编号则按现场实际填写。

表 144　主要安全设备登记表

序　号	设备名称	基本参数	单　位	数　量	检查、试验情况	责任人	备　注
			消防设施				
			安全警示标志				
			绝缘工具				
			登高作业工具				
			起重用具				

12.11 特种设备登记

12.11.1 基本要求

（1）本表单特种设备主要指压力容器（含气瓶）、压力管道、电梯、起重机械、特种车辆等设备。

（2）特种设备登记表（表 145）内容应真实准确，不允许涂改。

12.11.2 填表说明（表 146）

（1）表单中检测日期、设备有效期按照填表总则规范填写。

（2）表单中数字均使用阿拉伯数字填写。

（3）本表中设备名称、应按照设备铭牌或者设备说明书实际情况填写，设备编号则按现场实际填写。

表 145　特种设备登记

序号	特种设备名称	内部编号	设备注册代码	使用证编号	制造日期	投用日期	设备所在位置	设备使用状况	设备管理责任人	检验有效期	备注

表 146 特种设备定期检验台账

序号	设备名称	设备注册代码	内部编号	检验日期	检验报告编号	检验结论	下次检验日期	安全附件型号	检验日期	检（校）验存在问题整改情况	备注

12.12　特种作业人员登记

12.12.1　基本要求

（1）特种作业人员需按照规定持证上岗，定期接受培训。

（2）特种作业人员登记表（表147）内容应真实准确，不允许涂改。

12.12.12　登记项目

（1）电工作业；

（2）焊接与热切割作业；

（3）高处作业；

（4）制冷与空调作业；

（5）煤矿安全作业；

（6）金属非金属矿山安全作业；

（7）石油天然气安全作业；

（8）冶金（有色）生产安全作业；

（9）危险化学品安全作业；

（10）烟花爆竹安全作业；

（11）工地升降货梯升降作业；

（12）安全监管总局认定的其他作业。

12.12.3　填表说明

（1）表单中证件有限期限、本次培训复审期限按照填表总则规范填写。

（2）表单中姓名写全名，应与证书内容一致。

（3）证书名称及编号按照证书内容填写，应与证书内容一致。

（4）表单中工种参照登记项目及证书内容划分。

表 147　特种作业人员登记

序　号	姓　名	工　种	证书名称及编号	证件有效期限	本次培训复审期限	备　注

12.13 消防器材登记

12.13.1 基本要求

消防器材主要包括灭火器、消防栓、消防沙箱、火灾报警装置、指示标志等。

12.13.2 填表说明(表 148)

(1)表单中管理人签字、发放时间按照填表总则规范填写。

(2)表单中配置部位明确到房间和走道部位。

(3)表单中器材名称、规格型号应按照设备铭牌或者设备说明书实际情况填写。

(4)表单中数量统计用阿拉伯数字填写。

表 148　消防器材登记

配置部位	器材名称	规格型号	数　量	发放时间	管 理 人
合　计					

12.14 消防器材检查记录

12.14.1 基本要求

（1）消防器材检查原则上由现场管理单位技术部门组织，单位技术负责人及负责巡视的人员参加。

（2）各单位应严格按照有关技术规范要求，经常对工程开展全面细致的检查，如实做好检查记录，发现问题及时处理。

（3）消防器材检查的周期每月不得少于一次。

12.14.2 填表说明（表149）

（1）检查表需标明检查日期，日期参照填表总则规范填写。

（2）检查表填写完成后，技术负责人及检查人员应在表格后署名。

（3）检查表署名应亲自签名，并按照填表总则规范填写。

（4）表单中数量统计用阿拉伯数字填写。

（5）检查内容正常应注明指示正常，外观完好。

（6）表单中规格型号应按照设备铭牌或者设备说明书实际情况填写。

表 149　消防器材检查记录

配置部位	编号	器材名称	规格型号	生产/维修日期	使用年限	数量	检查时期	检查内容	检查结论	备注

技术负责人：　　　　　　　　　　　　　　　　　　　　　　检查人：

12.15　安全生产事故月报

12.15.1　基本要求

（1）本表用于记录安全生产事故情况。

（2）记录内容的描述要简明扼要，表达准确。

12.15.2　填表说明

（1）重伤事故按照《企业职工伤亡事故分类标准》（GB 6441—86）和《事故伤害损失工作日标准》（GB/T 15499—1995）定性。

（2）直接经济损失按照《企业职工伤亡事故经济损失统计标准》（GB/T 6721—1986）确定。

（3）事故类别填写内容为：物体打击；车辆伤害；机械伤害；起重伤害；触电；淹溺；灼烫；火灾；高处坠落；坍塌；冒顶片帮；透水；放炮；火药爆炸；瓦斯煤层爆炸；其他爆炸；容器爆炸；煤与瓦斯突出；中毒和窒息；其他伤害。

（4）本月无事故，应在表内填写"本月无事故"。

表 150 安全生产事故月报

填报单位：（盖章）　　　　　　　　　　　　　　　　　　　　　填报时间：　年　月　日

序号	事故发生时间	发生事故单位		死亡人数	重伤人数	直接经济损失	事故类别	事故原因	事故简要情况
		名称	类型						

填表人：　　　　　　　　　　　　　　　　　　　　　　　　　　　　单位负责人：

12.16　第一种工作票

12.16.1　基本要求

（1）本工作票（附录 B）适用于：高压设备上工作需要全部停电或部分停电者；高压室内的二次接线和照明等回路上的工作，需要将高压设备停电或作安全措施的情况。

（2）第一种工作票应在工作前一日交给值班长。

（3）工作票要用蓝黑钢笔或圆珠笔填写，一式两份，中间可以用复写纸或分别填写，但应字迹清楚，内容正确。

12.16.2　填表说明

（1）工作内容及工作地点应该填写本次工作所要完成任务的具体内容，工作地点是指工作现场位置，两者都要具体明确。

（2）本表单中日期填写应横写，时间统计精确到分钟，书写方式为："××××年××月××日××时××分"的形式。

（3）人员签名参照填表总则规范填写。

（4）"错、别、漏"字不超过 2 个（含 2 个）的工作票通过修改后，在字迹清楚的原则上可以不做"作废"处理。但为防止字迹模糊不清造成意外事故，对涉及设备名称、编号、动词等关键词不得涂改。个别错、漏字修改时，应在错、别字上划两道横线，漏字可在填补处上或下方作"∧""∨"记号，然后在相应位置填补正确的或遗漏的字。

（5）工作期间，原工作负责人因故需离开 2 个小时以上时，应由工作票签发人变更新的工作负责人，两工作负责人应做好必要的交接。工作负责人的变动只能办理一次。

（6）安全措施应该根据所检修设备在系统中的节点位置来确定要采取的必要安全防护措施，主要包括应拉合的断路器（开关）和隔离开关（刀闸），包括已经拉开，装设接地线，安装或拆除控制回路或电压互感器回路的熔断器（保险），装设必要的遮拦，悬挂标示牌等。至于具体的逻辑操作项目应该使用操作票填写执行，而不应该在工作票的安全措施中填写。

12.17　第二种工作票

12.17.1　基本要求

（1）本工作票（附录 C）适用于：带电作业和在带电设备外壳上的工作；控制盘和低压配电盘、配电箱、电源干线上的工作；二次结线回路上的工作，无需将高压设备停电；转动中的发电机、同期调相机的励磁回路或高压电动机转子电阻回路上的工作；非当值值班人员用绝缘棒和电压互感器定相或用钳形电流表测量高压回路的电流。

（2）第二种工作票应在进行工作的当天预先交给值班长。

（3）工作票要用蓝黑钢笔或圆珠笔填写，一式两份，中间可以用复写纸或分别填写，但应字迹清楚，内容正确。

12.17.2　填表说明

（1）工作任务应该填写本次工作所要完成任务的内容。

（2）本表单中日期填写应横写，时间统计精确到分钟，书写方式为："××××年××月××日××时××分"的形式。

（3）人员签名参照填表总则规范填写。

（4）"错、别、漏"字不超过 2 个（含 2 个）的工作票通过修改后，在字迹清楚的原则上可以不做"作废"处理。但为防止字迹模糊不清造成意外事故,对涉及设备名称、编号、动词等关键词不得涂改。个别错、漏字修改时,应在错、别字上划两道横线,漏字可在填补处上或下方作"∧""∨"记号,然后在相应位置填补正确的或遗漏的字。

(5)工作期间,原工作负责人因故需离开2个小时以上时,应由工作票签发人变更新的工作负责人,两工作负责人应做好必要的交接。工作负责人的变动只能办理一次。第二种工作票的工作负责人变动情况记入"备注"栏内。

(6)注意事项指安全措施,主要包括应拉合的断路器(开关)和隔离开关(刀闸),包括已经拉开,装设接地线,安装或拆除控制回路或电压互感器回路的熔断器(保险),装设必要的遮拦,悬挂标示牌等。

12.18　安全标志标牌检查表

12.18.1　基本要求

(1)本表(表151)适用于安全标志标牌检查。

(2)应严格按照有关技术规范要求,开展全面细致的检查,如实做好记录。

12.18.2　填表说明

(1)检查表需标明检查日期,日期参照填表总则规范填写。

(2)本检查表必须如实填写,出现标牌脱落、破损等情况时,需及时记录并留存影响记录。

表 151 安全标志标牌检查表

序号	警示牌名称	警示牌类别	设置部位	图片	检查情况

检查日期：　　　　　　　　　　　　　　　　　　　　　　　检查人：

12.19 临时用电记录表

12.19.1 基本要求

（1）本节中表(表152至表153)适用于涉及现场临时用电方面的监督及验收。

（2）应严格按照有关技术规范要求，开展全面细致的检查，如实做好记录，发现问题及时处理。

（3）监护记录检查的周期每天不得少于一次。

12.19.2 填表说明

（1）检查表需标明检查日期，日期参照填表总则规范填写。

（2）作业前，由监护人检查一次，作业过程中，监护人员发现情况应及时做好记录表。

（3）本监护记录必须如实填写，出现"×"的情况必须停止施工，整改完成后，才能继续施工。

（4）本监护记录应由监护人随身携带。

（5）验收表验收栏目内有数据的，在验收栏目内填写实测数据，无数据用文字说明。

表 152　现场临时用电验收记录表

施工单位			工程名称		
序号	验收项目	验 收 内 容		结 果	
1	临时用电施工组织设计	是否按临时施工用电组织设计要求实施总体布设			
2	工地临近高压线防护	工地临近高压线要有可靠的防护措施,防护要严密,达到安全要求			
3	支线架设	配电箱引入引出线要采用套管和横担;进出电线要排列整齐,匹配合理;严禁使用绝缘差、老化、破皮电线,防止漏电;应采用绝缘子固定,并架空敷设;线路过道要有可靠的保护;线路直接埋地,敷设深度不小于 0.6 m,引出地面从 2 m 高度至地下 0.2 m 处,必须架设防护套管			
4	现场照明	手持照明灯应使用 36 V 以下安全电压;危险场所用 36 V 安全电压,特别危险场所采用 12 V;照明导线应固定在绝缘子上;现场照明灯要用绝缘橡套电缆,生活照明采用护套绝缘导线;照明线路及灯具距地面不能小于规定距离,严禁使用电炉;防止电线绝缘差、老化、破皮、漏电,严禁用碘钨灯取暖			
5	架设低压干线	不准采用竹质电杆,电杆应设横担和绝缘子;电线不能架设在脚手架或树上等处;架空线离地按规定要有足够的高度			
6	电箱配电箱	配电箱制作要统一,做到有色标、有编号;电箱制作要内外油漆,有防雨措施,门锁安全;金属电箱外壳要有接地保护,箱内电气装置齐全可靠;线路、位置安装要合理,有地排、零排,电线进出配电箱应下进下出			
7	开关箱熔丝	开关箱要符合一机一闸一保险,箱内无杂物,不积灰;配电箱与开关箱之间距离 30 m 左右,用电设备与开关箱超过 3 m 应加随机开关,配电箱的下沿离地面不小于 1.2 m;箱内严禁动力、照明混用;严禁用其他金属丝代替熔丝,熔丝安装要合理			
8	接地或接零	严禁接地接零混接,接地体应符合要求,两根之间距离不小于 2.5 m,电阻值为 4 Ω;接地体不宜用螺纹钢			
9	变配电装置	露天变压器设置符合规范要求,配电间安全防护措施和安全用具、警告标志齐全;配电间门要朝外开,高处正中装 20 cm×30 cm 玻璃。			

验收意见:

参加验收人员:　　　　　　　　　　　　　　　　　　　　　日期:

注:验收栏目内有数据的,在验收栏目内填写实测数据,无数据用文字说明。

表 153　临时用电作业安全监护记录

工程内容：
单位：
监护人：

序号	检查内容	检查情况
1	所有临时用电由专业电工(持证上岗)负责,其他人员禁止接触电源	
2	现场必须配备具有安全性的配电箱	
3	临时用电由专职电工进行检查和维护	
4	所有临时线路必须使用护套线或海底线。必须架设牢靠,一般要架空,不得绑在管道或金属物上	
5	严禁用花线、钢芯线乱拉乱接,违者将被严厉处罚	
6	所有插头及插座应保持完好,电气开关不能一掣多用	
7	所有施工机械和电气设备不得带病运转和超负荷使用	
8	施工机械和电气设备及施工用金属平台必须要有可靠接地	
9	接拆电源应先切断电源。若带电作业,必须采取防护措施,并应有人在场监护才能工作	

备注：
检查日期：　　年　　月　　日　　　　　　　　　　　　　　检查情况:是(√)否(×)无(○)
1. 作业前,由监护人检查一次,作业过程中,监护人员发现情况应及时做好记录
2. 本监护记录必须如实填写,出现"×"的情况必须停止施工,整改完成后,才能继续施工
3. 本监护记录应由监护人随身携带

12.20 动火作业申请表

12.20.1 基本要求

（1）本节中表主要用于消防演练（表154）及施工现场（表155）动火申请。

（2）消防演练动火申请表须提前一天上报审批。

（3）动火申请人员必须持有特种作业人员操作证、动火证，按操作规程动火。

12.20.2 填表说明

（1）申请表应该填写本次演练或施工的动火原因、部位、时间、人员、方式及防火措施等内容。

（2）单位负责人、监督人员、动火人员应在表单签名，签名应手签。

（3）表单中数量统计用阿拉伯数字填写。

表 154　消防演练动火作业申请表

编号：

动火原因		动火须知
动火原因		1. 动火人员必须持有特种作业人员操作证、动火证，按操作规程动火。 2. 配有灭火器材，动火前清除 5 米内易燃易爆物品。 3. 遇有无法清除的易燃物，必须采取防火措施。 4. 结束后必须对现场进行检查，确认无火灾隐患，方可离开。 5. 监护人员在作业前应察看现场，消除隐患；作业中，应跟班看护；作业后，督促做好清理工作。 6. 此表须提前一天上报审批
动火部位		
动火时间		
动火描述		
动火人员		
监护人员		
动火方式	□电气焊作业　　□现场明火作业　　□切割机作业　　□食堂明火作业 □其他（注明动火方式）	
防火措施	□灭火器　　　□水桶　　　□隔离挡板 □其他（注明防火措施）	
单位负责人： 年　　月　　日	部门负责人： 年　　月　　日	动火负责人： 年　　月　　日

注：（1）动火证只限动火人员本人在规定地点使用，动火人员需要随身携带此证以备检查；

　　（2）本表一式两份，建设单位、施工单位各一份。

表 155　施工现场动火证申请书

工　程名　称		动火须知
动　火原　因		
动　火部　位		1. 动火人必须持有特种作业人员操作证、动火证,按操作规程动火。 2. 现场配有灭火器材,动火前清除5米内易燃易爆物品。 3. 遇有无法清除的易燃物,必须采取防火措施。 4. 结束后必须对现场进行检查,确认无火灾隐患,方可离开。 5. 监护人员在作业前应察看现场,消除隐患;作业中,应跟班看护;作业后,督促做好清理工作。 6. 如发生意外,由动火方承担责任
动　火时　间	___年___月___日___时___分 至 ___年___月___日___时___分	
动　火人　员		
监　护人　员		
动火方式	□电气焊作业　□现场明火作业　□切割机作业　□食堂明火作业 □其他(注明动火方式)	
防火措施	□灭火器　□水桶　□隔离挡板 □其他(注明防火措施)	

动火申请人签字	技术班意见	管理单位领导意见
	签字:	批准人:

年　　月　　日

注:(1) 申请、监护人员须由本人签字;
　(2) 本表一式一份,由施工单位留底。

12.21 高处作业表

12.21.1 基本要求

（1）本节中表（表156和表157）适用于涉及现场高处作业方面的监督及验收。

（2）应严格按照有关技术规范要求，开展全面细致的检查，如实做好记录，发现问题及时处理。

（3）监护记录检查的周期每天不得少于一次。

12.21.2 填表说明

（1）作业前，由监护人检查一次，作业过程中，监护人员发现情况应及时做好记录。作业结束后，补全该记录。监护人需佩戴好监护标志。

（2）本监护记录必须如实填写，出现"×"的情况必须停止施工，整改完成后，才能继续施工。

（3）本监护记录应由监护人随身携带。

表 156 高处安全作业记录

施工单位		施工负责人	
技术负责人		项目负责人	
作业高度		作业类别	
作业地点			
作业内容			
作业人员及证书编号			
作业时间	自　　年　　月　　日　　时　　分至　　年　　月　　日　　时　　分		

危害辨识:
由于悬空作业料具缺陷、安全防护缺陷、个人安全防护用品使用不当、没有使用个人安全防护用品、采光照明不良、生理缺陷、疾病(心脏病等)、恐高症、违章作业、标志缺陷、监护失误可能导致高处坠落或物品打击;雨雷、冰雪等恶劣天气导致雷电击和高处坠落。

现场负责人:	安全措施:		
监护人职责	检查安全措施是否完全落实到位,并做好监护	监护人	签字:
技术负责人	签字: 　　年　　月　　日　　时　　分		
项目负责人	签字: 　　年　　月　　日　　时　　分		

表 157 高处作业安全监护记录

工程内容:		
施工单位:		
监护人: 监护时段: 年 月 日 时 分至 年 月 日 时 分		

序号	检查内容	检查情况
1	作业人员着装符合要求,佩戴安全帽且正确佩戴安全带	
2	作业人员已牢固固定有坠落危险的物件,或先行清除或放置在安全处	
3	如施工现场临近水体,作业人员已穿救生衣等防止落水的安全措施	
4	现场搭设的脚手架、防护网、围栏经检查已符合安全规定	
5	梯子、绳子经检查符合安全规定	
6	采光不足的夜间作业已有充足的照明,并安装临时灯、防爆灯	
7	施工现场的电源经过检查符合规范要求	
8	30米以上高处作业已配备通信、联络工具	
9	作业人员雨天、雪天高处作业,已采取可靠的防滑、防寒和防冻措施	
10	作业人员在遇到六级及以上大风或恶劣天气时,已停止露天高处作业	

备注:	
填表日期: 年 月 日 时 分 检查情况:是(√)否(×)无(○)	

1. 作业前,由监护人检查一次,作业过程中,监护人员发现情况应及时做好记录。作业结束后,补全该记录。监护人需佩戴好监护标志

2. 本监护记录必须如实填写,出现"×"的情况必须停止施工,整改完成后,才能继续施工

3. 本监护记录应由监护人随身携带

12.22 潜水作业工作票

12.22.1 基本要求

（1）本表（表158）适用于水下检查潜水作业。

（2）如现场管理单位组织建筑物水下检查，则需明确进行水下检查的原因，突出检查缘由。

12.22.2 记录项目

（1）本表中潜水作业确认事项项目主要用于记录建筑物水下检查情况，如符合检查标准，则填写签名；如存在问题，则写明具体问题情况。

（2）作业范围、作业时间及作业人员主要填写建筑物水下检查的水下环境、作业时间与参与人员情况。

（3）水下检查完成后应附检查全过程的照片。

12.22.3 填表说明

水下检查记录填写完成后，应在表单底部签名，签名应手签，不得简称及代签，字迹应工整。

表158 潜水作业工作票

编号			申请单位			申请人			
作业时间		自　年　月　日　时　分始至　年　月　日　时　分止							
作业范围			作业天气			潜水深度			
作业内容						作业类别			
作业人员						作业班组			
危害辨识						现场负责人			

序号	潜水作业确认事项	确认人签字
1	作业单位及作业人员资质资格证书已通过审核、作业人员身体条件符合要求且未酒后上岗	
2	作业水域水文、气象、水质和地质环境适合潜水作业	
3	潜水及加压前已对潜水设备进行检查并确认良好,呼吸用的气源纯度符合国家有关规定	
4	潜水作业点的水面上未进行起吊作业或有船只通过、在2 000 m半径内未进行爆破作业;200 m半径内不存在抛锚、振动打桩、锤击打桩、电击鱼类等作业	
5	潜水员的头盔面罩、潜水鞋、信号绳及其他潜水附属设备均已确定状况良好	
6	下潜员必须使用安全带,套在下潜导绳上下潜或上升;在水底时,不得抛开导向绳,应减少用气量,行走时应面向上游	
7	潜水员进行潜水作业前已参加班前会议,并已被告知相关注意事项	
8	潜水员下潜和上升过程中严格按照《潜水减压方案》进行潜水	
9	潜水工作船抛锚在潜水作业点上游;潜水作业时,潜水作业船已按规定显示号灯、号型	
10	潜水员在进行潜水作业前精神状态佳,休息充足,熟知潜水作业相关规范,并已参加过安全培训及安全技术交底	
11	其他安全措施:	

作业单位意见
签字:　年　月　日　时　分

审批部门意见
签字:　年　月　日　时　分

完工验收人
签字:　年　月　日　时　分

12.23 焊接作业

12.23.1 基本要求

（1）本节中表（表159和表160）适用于焊接作业。

（2）按照有关技术规范要求，对焊接设备进行检查，按实做好记录，发现问题及时处理。

（3）监护记录检查的周期每天不得少于一次。

12.23.2 填表说明

（1）作业前由监护人检查一次，作业过程中，监护人员发现情况应及时做好记录。作业结束后，补全该记录。监护人需佩戴好监护标志。

（2）本监护记录必须如实填写，出现"×"的情况必须停止施工，整改完成后才能继续施工。

（3）本监护记录应由监护人随身携带。

表 159　焊接设备检查记录表

日期：　　　年　　月　　日	地点：

设备检查情况：

发现问题：

采取措施：

备注：

专职安全员：

年　　月　　日

表 160　焊接作业安全监护记录

工作内容：		
施工单位：		
监护人： 监护时段：　　　　　　　年　　月　　日　时　分至　　年　　月　　日　时　分		
序号	检查内容	检查情况√
1	检查焊工的相关证件,焊接切割前已对焊工进行安全教育	
2	护目镜和面罩等防护用品经检查符合规定要求,作业人员已按规定正确佩戴	
3	焊机上已安装防触电装置	
4	焊接切割前,确定附近的易燃物品已清除或采取安全措施	
5	施焊过程中无乱扔焊条头的现象	
6	焊接切割过程中无触电、灼伤、爆头、火灾和因此而造成的二次伤害	
7	焊接切割作业结束后,已详细清理工作场所,消除焊件余热,切断电源,并将焊接切割设备及工具摆放在指定地点,确认工作场所已灭绝余火	
备注：		
填表日期：　　年　　月　　日　时　分　　　　　检查情况:是(√),否(×)无(○)		
1. 作业前由监护人检查一次,作业过程中,监护人员发现情况应及时做好记录。作业结束后,补全该记录。监护人需佩戴好监护标志		
2. 本监护记录必须如实填写,出现"×"的情况必须停止施工,整改完成后才能继续施工		
3. 本监护记录应由监护人随身携带		

12.24 施工监督记录表

12.24.1 基本要求

（1）本节中表适用于施工作业监督检查。

（2）应严格按照有关技术规范要求，开展全面细致的检查，如实做好记录，发现问题及时处理。

（3）监护记录检查的周期每天不得少于一次。

12.24.2 填表说明

（1）作业前由监护人检查一次，作业过程中，监护人员发现情况应及时做好记录。作业结束后，补全该记录。监护人需佩戴好监护标志。

（2）本监护记录必须如实填写，出现"×"的情况必须停止施工，整改完成后才能继续施工。

（3）本监护记录应由监护人随身携带。

表 161　施工作业现场安全监督检查表

项目名称：　　　　　　　　　　　　　　监督人：
施工单位：　　　　　　　　　　　　　　检查日期：

作业类型	检查项目	检查内容及标准	检查情况		检查结果
			√	×	
动火作业	作业票	在有效期内,有管理处签字认可,符合程序;作业人员随身携带在作业现场			
	作业人	1. 证件有效,正确佩戴劳保护具上岗。 2. 对动火作业内容清楚,对可能存在的风险清楚			
	监护人	双方监护人在现场,监护人对现场情况及作业内容清楚			
	安全措施	消防器材齐备,10 米内无可燃物。作业下方无可燃物和人员,防火安全措施严格落实			
	动火器具	1. 焊接工具符合安全要求,动火氧气、乙炔 5 米间距以上。 2. 焊机外壳接地良好,接地无裸露、无漏电、无打火。二次把线不得破损或虚接,电焊把钳不得直接与施焊件及平台连通。 3. 气瓶减压阀、阻火器齐全完好,气体胶管无漏气			
高处作业	作业票	在有效期内,有管理处签字认可,符合程序;作业人员随身携带在作业现场			
	作业人	正确佩戴劳保护具上岗;作业人对作业内容和风险清楚			
	作业	高处正确佩挂安全带(高挂低用),严禁乱抛、工具入袋、杂物入箱、工具设有防掉绳,大风及下雪天气禁止作业,禁止垂直作业,严禁沿绳索、立杆攀登,上下时手中不能持物			
脚手架	作业	脚手架必须搭设牢固,符合相关规范和施工方案要求,跳板必须双头绑扎牢固			
动土	作业票	在有效期内,有管理处签字认可,符合程序;作业人员随身携带在作业现场			
	作业	无乱挖现象,废土严禁乱堆;碰到电缆或管线向相关部门汇报确认,坑洞四周设置防护设施和警示,严禁占用消防通道。建筑物周边垃圾、砖碎块及时清理,路面水灰砂浆及时清理。坑洞过人必须铺设跳板			
起重作业	作业票	在有效期内,有管理处签字认可,符合程序;作业人员随身携带在作业现场			

表161 施工作业现场安全监督检查表(续)

作业类型	检查项目	检查内容及标准	检查情况 √	检查情况 ×	检查结果
起重作业	作业人	1. 证件有效,正确佩戴劳保护具上岗。 2. 对作业内容清楚,对可能存在的风险清楚			
	监护人	双方监护人在现场,监护人对现场情况及作业内容清楚			
	作业	作业范围设置警戒线;严禁利用管道、管架做吊装锚点,吊臂活动范围下方严禁站人,大风等恶劣天气停止作业,严禁斜拉重物;重物埋地、安全装置失效、起吊绳打结、指挥信号不明、光线不明、重物越人头时严禁起吊			
临时用电	作业票	在有效期内,有管理处签字认可,符合程序;作业人员随身携带在作业现场			
	作业人	1. 证件有效,正确佩戴劳保护具上岗。 2. 对作业内容清楚,对可能存在的风险清楚			
	监护人	双方监护人在现场,监护人对现场情况及作业内容清楚			
	作业	1. 严禁无证人员从事电气作业,电气设备和线路的绝缘必须良好,接头不准裸露。 2. 施工现场临时用电采用橡皮线,架空铺设,过路埋地或穿管。 3. 临时用电的配电箱、线路必须处以完好状态,定期检查清扫,对绝缘损坏的必须修理。 4. 配电箱应干燥通风,并应有防雨防晒设施。内部开关防护罩、盖齐全,绝缘良好。 5. 箱外应设警告牌,并上锁管理			
施工现场	作业	1. 场地平整,垃圾、废料放入指定的箱内,管线、阀门封口、垫板支撑,建筑垃圾及时清理,木料拔除铁钉。 2. 消防通道不得堵塞。平台上无杂物、落物,场地道路畅通。 3. 空满瓶必须分开,气瓶存放时瓶帽和防震圈应安装在气瓶上。 4. 可燃物气瓶必须竖立存放。工作区严禁随意乱拉软管、电线和电焊引线。 5. 施工现场入口设置安全警告标示牌。 6. 高处作业脚手架等主要施工区域显著部位必须设置警告标志			
现场情况总结		(作业现场整洁、有序,操作程序符合要求,安全措施比较到位,现场情况良好)			

表 162 检修、施工过程监督记录

工程内容:		
施工单位:		
监护人:		
监护时段: 年 月 日 时 分至 年 月 日 时 分		

序号	检查内容	检查情况
1	有无交叉作业:若有,是否按照相关规程执行	
2	有无高空作业:若有,是否按照相关规程执行	
3	有无临近带电体作业:若有,是否按照相关规程执行	
4	有无焊接作业:若有,是否按照相关规程执行	
5	有无起吊作业:若有,是否按照相关规程执行	
6	有无临时用电:若有,是否按照相关规程执行	

备注:

填表日期: 年 月 日 时 分

检查情况:是(√)否(×)无(O)

1. 作业前由监护人检查一次,作业过程中,监护人员发现情况应及时做好记录。作业结束后,补全该记录。监护人需佩戴好监护标志

2. 本监护记录必须如实填写,出现"×"的情况必须停止施工,整改完成后才能继续施工

3. 本监护记录应由监护人随身携带

附录 A　操作票格式

_____泵站

_____操作票

编号：

操作任务：

顺序	操作项目	操作记号（√）

发令人		发令时间	年　月　日　时　分	
受令人		操作人		监护人

操作开始时间　　　　年　月　日　时　分
操作完成时间　　　　年　月　日　时　分

备　注	

附录 B　工作票格式

第一种工作票

单位：_____　　　编号：_____

一、工作负责人(监护人)：_____;班组：_____;工作班人员：_____
_____;现场安全员：_____共_____人

二、工作内容和工作地点：_____
_____
_____

三、计划工作时间：自_____年_____月_____日_____时_____分
　　　　　　　　至_____年_____月_____日_____时_____分

四、安全措施：

下列由工作票签发人填写

1. 应拉开关和隔离刀闸：(注明编号)
_____
_____
_____

2. 应装接地线、应合接地刀闸：(注明装设地点、名称及编号)
_____
_____
_____

3. 应设遮栏、应挂标示牌：(注明地点)
_____
_____
_____

工作票签发人签名：_____

收到工作票时间：___年___月___日_时_分
值班负责人签名：_____

下列由工作许可人(值班员)填写

已拉开关和隔离刀闸：(注明编号)
_____
_____
_____

已装接地线、已合接地刀闸：(注明装设地点、名称及编号)
_____
_____
_____

已设遮栏、已挂标示牌：(注明地点)
_____
_____
_____

工作地点保留带电部分和补充安全措施：
_____
_____
_____

工作许可人签名：_____
值班负责人签名：_____

五、许可开始工作时间：___年_____月_____日_____时_____分

六、工作负责人变动：原工作负责人_____离去,变更_____为工作负责人。
变动时间：___年_____月_____日_____时_____分
工作票签发人签名：_____

七、工作人员变动:

增添人员姓名	时间	工作负责人	离去人员姓名	时间	工作负责人

八、工作票延期:有效期延长到_____年_____月_____日_____时_____分。

工作负责人签名:_____ 工作许可人签名:_____

九、工作终结:全部工作已于_____年_____月_____日_____时_____分结束,设备及安全措施已恢复至开工前状态,工作人员全部撤离,材料、工具已清理完毕。

工作负责人签名:_____ 工作许可人签名:_____

十、工作票终结:

临时遮栏、标示牌已拆除,常设遮栏已恢复,接地线共___组(____)号已拆除,接地刀闸组(____)号已拉开。

工作票于_____年_____月_____日_____时_____分终结。

工作许可人签名:_____

十一、备注:_____

_____

_____

_____

十二、每日开工和收工时间

开 工 时 间	工作许可人	工作负责人	收 工 时 间	工作许可人	工作负责人
年 月 日 时 分			年 月 日 时 分		
年 月 日 时 分			年 月 日 时 分		
年 月 日 时 分			年 月 日 时 分		
年 月 日 时 分			年 月 日 时 分		
年 月 日 时 分			年 月 日 时 分		
年 月 日 时 分			年 月 日 时 分		
年 月 日 时 分			年 月 日 时 分		

十三、执行工作票保证书

工作班人员签名	
开工前	收工后
1. 对工作负责人布置的工作任务已明确。 　2. 监护人、被监护人互相清楚分配的工作地段,设备包括带电部分等注意事项已清楚。 　3. 安全措施齐全,工作人员在安全措施保护范围内工作。 　4. 工作前保证认真检查设备的双重编号,确认无电后方可工作,工作期间保证遵章守纪、服从指挥、注意安全、保质保量完成任务。 　5. 所有工具包括试验仪表等齐全,检查合格,开工前对有关工作进行检查确认后方可开工	1. 所布置的工作任务已按时保质保量完成。 　2. 施工期间发现的缺陷已全部处理。 　3. 对检修的设备项目自检合格,有关资料在当天交工作负责人。 　4. 检查场地已打扫干净,工具(包括仪表)、多余材料已收回保管好。 　5. 经工作负责人通知本工作班安全措施,已拆除(经三级验收后确定)检修设备可投运。 　6. 对已拆线全部恢复并接线正确
姓　名	时　　间

注:(1) 工作班人员在开工会结束后签名,工作票交工作负责人保存。

　　(2) 工作结束收工会后工作班人员在保证书上签名,并经工作负责人同意方可离开现场。

第二种工作票

单位：_____　　　　编号：_____

一、工作负责人(监护人)：_____　班组：_____

工作班人员：_____

_____共_____人。

二、工作任务：_____

_____

_____

三、计划工作时间：自_____年____月____日____时____分

　　　　　　　　　至_____年____月____日____时____分。

四、工作条件(停电或不停电)：_____

_____

五、注意事项(安全措施)：_____

_____

_____

_____

工作票签发人(签名)：_____　签发日期：____年____月____日____时____分

六、许可工作时间：____年____月____日____时____分

工作许可人(值班员)签名：_____　　工作负责人(签名)：_____

七、工作票终结

全部工作于____年____月____日____时____分结束，

工作人员已全部撤离，材料、工具已清理完毕。

工作负责人签名：_____　　工作许可人(值班员)(签名)：_____

八、备注：_____

_____